现代计算机科学与技术系列教材
工业和信息产业科技与教育专著出版资金

计算机硬件实验教程

邹 惠　王建东　秦 彭　编著

电子工业出版社
Publishing House of Electronics Industry
北京·BEIJING

内 容 简 介

本书共 9 章，内容包括数字电路实验基础、门电路和组合逻辑电路、时序逻辑电路、数字逻辑综合课程设计、运算器实验、控制器的设计、存储部件实验、基本 CPU 设计、流水线 CPU 的设计等。附录 A～C 给出实验用芯片逻辑图与真值表、VHDL 入门与典型程序、Quartus Ⅱ 安装及使用指南等。

本书内容丰富，描写细致，可作为计算机专业本科、专科院校硬件类课程的实验教材，也可以作为相关专业研究生或计算机技术人员的参考书。

未经许可，不得以任何方式复制或抄袭本书之部分或全部内容。
版权所有，侵权必究。

图书在版编目（CIP）数据

计算机硬件实验教程/邹惠，王建东，秦彭编著 . —北京：电子工业出版社，2016.4
现代计算机科学与技术系列教材
ISBN 978－7－121－28322－2

Ⅰ. ①计… Ⅱ. ①邹… ②王… ③秦… Ⅲ. ①硬件－实验－高等学校－教材 Ⅳ. ①TP303－33

中国版本图书馆 CIP 数据核字（2016）第 050021 号

策划编辑：袁　玺
责任编辑：郝黎明　　特约编辑：张燕虹
印　　刷：三河市双峰印刷装订有限公司
装　　订：三河市双峰印刷装订有限公司
出版发行：电子工业出版社
　　　　　北京市海淀区万寿路 173 信箱　邮编 100036
开　　本：787×1 092　1/16　印张：15　字数：384 千字
版　　次：2016 年 4 月第 1 版
印　　次：2016 年 4 月第 1 次印刷
定　　价：32.00 元

凡所购买电子工业出版社图书有缺损问题，请向购买书店调换。若书店售缺，请与本社发行部联系，联系及邮购电话：(010)88254888，88258888。
质量投诉请发邮件至 zlts@ phei. com. cn，盗版侵权举报请发邮件至 dbqq@ phei. com. cn。
本书咨询联系方式：192910558（QQ 群），yuanxi@ phei. com. cn。

前　言

2009年，我校开展了计算机科学与技术专业的教学改革，改革旨在夯实学生专业基础，提高学生创新能力。经过7年的努力，改革取得了明显效果。本书是根据教学改革经验，参考国内外理论及实验教材编写而成的。本书内容包括：数字电路实验基础、门电路和组合逻辑电路、时序逻辑电路、数字逻辑综合课程设计、运算器实验、控制器的设计、存储部件实验、基本CPU设计、流水线CPU的设计等。

本书依据循序渐进的原则，在数字逻辑基本实验后增加了数字逻辑综合课程设计，在完成计算机各部件实验之后，又先后安排了基本CPU设计和流水线CPU的设计。附录A～C给出了实验用芯片逻辑图与真值表、VHDL入门与典型程序、Quartus Ⅱ 安装及使用指南等。

本书由邹惠、王建东、秦彭编著。第1章由秦彭编写，第2～8章由邹惠编写，第9章由王建东编写。

在本书的编写过程中，得到了石家庄经济学院信息工程学院刘坤起教授的悉心指导。关文革教授、左瑞欣副教授也对本书的编写提出了许多宝贵的意见。在此，对以上老师表示衷心的感谢。同时，感谢各届学生对讲稿内容所提出的宝贵的反馈和改进意见。

本书有大量的算法语句、程序语句及计算公式，对于其中的变量，为了方便读者阅读，避免歧义，不再区分正、斜体，而是统一采用正体，特此说明。

本书可作为计算机有关专业硬件课程的实验教材及参考书。

限于编者水平，时间仓促，书中一定存在不少错误和疏漏，恳请读者给予批评和指正。

作　者

目 录

第1章 数字电路实验基础 ... 1
1.1 实验环节 ... 1
1.1.1 实验预习 ... 1
1.1.2 实验过程 ... 1
1.1.3 实验中常见问题及解决 ... 2
1.1.4 实验报告 ... 4
1.2 实验器械 ... 4
1.2.1 TDS-4型数字系统综合实验平台简介 ... 5
1.2.2 示波器简介 ... 7

第2章 门电路和组合逻辑电路 ... 9
2.1 门电路特性研究实验 ... 9
2.1.1 实验目的 ... 9
2.1.2 实验器件 ... 9
2.1.3 实验要求 ... 9
2.1.4 实验原理 ... 10
2.1.5 实验预习 ... 11
2.1.6 实验过程及结果分析 ... 11
2.1.7 实验报告及思考题 ... 12
2.1.8 扩展实验及思考 ... 12
2.2 组合逻辑电路实验——译码器与编码器的设计 ... 12
2.2.1 实验目的 ... 13
2.2.2 实验要求 ... 13
2.2.3 实验原理 ... 13
2.2.4 实验预习 ... 14
2.2.5 实验过程及结果分析 ... 14
2.2.6 实验报告及思考题 ... 15
2.2.7 扩展实验 ... 15
2.3 组合逻辑电路实验——数据选择器的设计 ... 15
2.3.1 实验目的 ... 15
2.3.2 实验要求 ... 15
2.3.3 实验原理 ... 16
2.3.4 实验预习 ... 16
2.3.5 实验过程及结果分析 ... 16
2.3.6 实验报告及思考题 ... 16

2.3.7　扩展实验 ··· 16
　2.4　组合逻辑电路实验——运算部件的设计 ··· 16
　　　2.4.1　实验目的 ··· 17
　　　2.4.2　实验要求 ··· 17
　　　2.4.3　实验原理 ··· 17
　　　2.4.4　实验预习 ··· 19
　　　2.4.5　实验过程及结果分析 ··· 19
　　　2.4.6　实验报告及思考题 ··· 20
　　　2.4.7　扩展实验 ··· 20

第3章　时序逻辑电路 ·· 21
　3.1　触发器实验 ·· 21
　　　3.1.1　实验目的 ··· 21
　　　3.1.2　实验要求 ··· 21
　　　3.1.3　基础知识 ··· 22
　　　3.1.4　实验预习 ··· 24
　　　3.1.5　实验过程及结果分析 ··· 24
　　　3.1.6　实验报告及思考题 ··· 25
　3.2　寄存器及寄存器组的设计 ··· 25
　　　3.2.1　实验目的 ··· 25
　　　3.2.2　实验要求 ··· 25
　　　3.2.3　实验原理 ··· 25
　　　3.2.4　实验预习 ··· 26
　　　3.2.5　实验过程及结果分析 ··· 26
　　　3.2.6　实验报告及思考题 ··· 26
　　　3.2.7　扩展实验 ··· 26
　3.3　计数器/定时器的设计 ·· 28
　　　3.3.1　实验目的 ··· 28
　　　3.3.2　实验要求 ··· 28
　　　3.3.3　实验原理 ··· 29
　　　3.3.4　实验预习 ··· 29
　　　3.3.5　实验过程 ··· 30
　　　3.3.6　实验报告及思考题 ··· 31
　　　3.3.7　扩展实验 ··· 31
　3.4　状态机实验 ·· 31
　　　3.4.1　实验目的 ··· 32
　　　3.4.2　实验要求 ··· 32
　　　3.4.3　实验原理 ··· 32
　　　3.4.4　实验预习 ··· 35
　　　3.4.5　实验过程 ··· 36
　　　3.4.6　实验报告与思考 ··· 36

3.4.7　扩展实验 …………………………………………………………… 36
第4章　数字逻辑综合课程设计 ……………………………………………………… 38
　4.1　课程设计要求 …………………………………………………………………… 38
　　4.1.1　课程设计内容 ……………………………………………………………… 38
　　4.1.2　课程设计过程 ……………………………………………………………… 39
　4.2　课程设计举例 …………………………………………………………………… 39
　　4.2.1　霓虹灯显示系统的设计 …………………………………………………… 39
　　4.2.2　电梯模拟系统的设计 ……………………………………………………… 42
　　4.2.3　洗衣机控制系统的设计 …………………………………………………… 44
　　4.2.4　超市自动存包系统的设计 ………………………………………………… 44
　　4.2.5　汽车尾灯控制系统的设计 ………………………………………………… 45
　4.3　参考题目 ………………………………………………………………………… 45
第5章　运算器实验 …………………………………………………………………… 46
　5.1　算术逻辑运算单元（ALU）实验 ……………………………………………… 46
　　5.1.1　实验目的 …………………………………………………………………… 46
　　5.1.2　实验要求 …………………………………………………………………… 46
　　5.1.3　实验原理 …………………………………………………………………… 46
　　5.1.4　实验预习 …………………………………………………………………… 48
　　5.1.5　实验过程及结果分析 ……………………………………………………… 48
　　5.1.6　实验报告及思考题 ………………………………………………………… 48
　　5.1.7　扩展实验及思考 …………………………………………………………… 49
　5.2　运算器构成实验 ………………………………………………………………… 50
　　5.2.1　实验目的 …………………………………………………………………… 51
　　5.2.2　实验要求 …………………………………………………………………… 51
　　5.2.3　实验原理 …………………………………………………………………… 52
　　5.2.4　实验预习 …………………………………………………………………… 52
　　5.2.5　实验过程及结果分析 ……………………………………………………… 53
　　5.2.6　实验报告及思考题 ………………………………………………………… 53
　　5.2.7　扩展实验 …………………………………………………………………… 53
第6章　控制器的设计 ………………………………………………………………… 54
　6.1　组合逻辑控制器实验 …………………………………………………………… 54
　　6.1.1　实验目的 …………………………………………………………………… 54
　　6.1.2　实验内容与要求 …………………………………………………………… 54
　　6.1.3　实验原理 …………………………………………………………………… 58
　　6.1.4　实验预习 …………………………………………………………………… 62
　　6.1.5　实验过程及结果分析 ……………………………………………………… 63
　　6.1.6　实验报告及思考题 ………………………………………………………… 63
　　6.1.7　扩展实验 …………………………………………………………………… 63
　6.2　微程序控制器实验 ……………………………………………………………… 63

  6.2.1 实验目的 ………………………………………………………………………… 63
  6.2.2 实验要求 ………………………………………………………………………… 63
  6.2.3 实验原理 ………………………………………………………………………… 64
  6.2.4 实验预习 ………………………………………………………………………… 68
  6.2.5 实验过程及结果分析 …………………………………………………………… 69
  6.2.6 实验报告及思考题 ……………………………………………………………… 69

第 7 章 存储部件实验 …………………………………………………………………… 70
 7.1 只读存储器 ROM 实验 …………………………………………………………… 70
  7.1.1 实验目的 ………………………………………………………………………… 70
  7.1.2 实验要求 ………………………………………………………………………… 70
  7.1.3 实验原理 ………………………………………………………………………… 70
  7.1.4 实验预习 ………………………………………………………………………… 71
  7.1.5 实验过程及结果分析 …………………………………………………………… 71
  7.1.6 实验报告及思考题 ……………………………………………………………… 75
 7.2 随机存取存储器 RAM 实验 ……………………………………………………… 75
  7.2.1 实验目的 ………………………………………………………………………… 75
  7.2.2 实验要求 ………………………………………………………………………… 76
  7.2.3 实验原理 ………………………………………………………………………… 76
  7.2.4 实验预习 ………………………………………………………………………… 76
  7.2.5 实验过程及结果分析 …………………………………………………………… 77
  7.2.6 实验报告及思考题 ……………………………………………………………… 77
 7.3 FIFO 定制与读/写实验 …………………………………………………………… 77
  7.3.1 实验目的 ………………………………………………………………………… 77
  7.3.2 实验要求 ………………………………………………………………………… 77
  7.3.3 实验原理 ………………………………………………………………………… 77
  7.3.4 实验预习 ………………………………………………………………………… 78
  7.3.5 实验过程 ………………………………………………………………………… 78
  7.3.6 实验报告及思考题 ……………………………………………………………… 78

第 8 章 基本 CPU 设计 …………………………………………………………………… 79
 8.1 模型机的基本框架 ………………………………………………………………… 79
 8.2 CPU 的设计规范 …………………………………………………………………… 81
  8.2.1 CPU 设计步骤 …………………………………………………………………… 81
  8.2.2 指令系统设计 …………………………………………………………………… 82
  8.2.3 确定总体结构 …………………………………………………………………… 84
  8.2.4 设计状态转换图 ………………………………………………………………… 85
  8.2.5 形成控制逻辑及完成各部件连接 ……………………………………………… 85
 8.3 16 位单周期 CPU 设计 …………………………………………………………… 85
  8.3.1 指令系统设计 …………………………………………………………………… 85
  8.3.2 确定总体结构 …………………………………………………………………… 86
  8.3.3 形成控制逻辑 …………………………………………………………………… 91
 8.4 16 位变长指令集的多周期 CPU 设计 …………………………………………… 97

  8.4.1 指令系统设计 ··· 97
  8.4.2 构建数据通路 ··· 98
  8.4.3 设计状态转换图 ·· 107
  8.4.4 形式控制逻辑 ·· 116
  8.4.5 完成各部件的连接 ·· 117
 8.5 精简指令集的多周期 CPU 设计 ·· 117
  8.5.1 指令系统设计 ·· 117
  8.5.2 数据通路设计 ·· 118
  8.5.3 设计状态转换图 ·· 120
  8.5.4 形成控制逻辑并完成部件连接 ·· 124
 8.6 CPU 的测试及应用程序编写 ·· 124
  8.6.1 CPU 的时序仿真与实现 ·· 124
  8.6.2 应用程序设计 ·· 124
 8.7 16 位 CPU 的设计与实现实验 ·· 124
  8.7.1 实验目的 ·· 124
  8.7.2 实验要求 ·· 125
  8.7.3 实验原理 ·· 125
  8.7.4 实验预习 ·· 125
  8.7.5 实验过程 ·· 125
  8.7.6 实验报告及思考题 ·· 125

第 9 章 流水线 CPU 的设计 ·· 126
 9.1 经典的 5 段流水线 ·· 126
 9.2 相关 ·· 128
  9.2.1 数据相关 ·· 128
  9.2.2 名相关 ··· 128
  9.2.3 控制相关 ·· 129
 9.3 流水线冲突 ··· 129
  9.3.1 结构冲突 ·· 129
  9.3.2 数据冲突 ·· 132
  9.3.3 控制冲突 ·· 137
 9.4 流水线的实现 ·· 141
  9.4.1 基本数据通路 ·· 141
  9.4.2 改进的数据通路 ·· 144
  9.4.3 指令流程和微命令序列 ··· 160
  9.4.4 形成控制逻辑 ·· 161
  9.4.5 完成各部件的连接 ·· 161

附录 A 实验用芯片逻辑图与真值表 ·· 164
附录 B VHDL 入门与典型程序 ·· 170
附录 C Quartus II 安装及使用指南 ·· 209
参考文献 ·· 230

第1章 数字电路实验基础

数字电路实验是在学习"数字逻辑电路与数字系统"理论课的基础上,根据具体要求进行电路设计、安装(或编程、下载)与调试的过程,它是一门验证理论,巩固所学知识,提高运用知识能力和动手能力,具有较强实践性的课程。课程通过一部分验证性实验,让学生明确理论和实践的关系,通过部分创新性实验,让学生开动脑筋,联系实际,学会设计方法、设计过程。

▷▷ 1.1 实验环节

完成好一个实验,需要以实验目的为导向,明确实验内容,做好实验预习,把握实验过程,观察实验结果,撰写实验报告,认真进行实验总结。

本书中的每个实验都明确给出了实验目的和实验内容,每次实验之前应该仔细阅读。电路设计前要进行需求分析,这样才能保证少走弯路,并有所收获。

1.1.1 实验预习

根据实验内容,做好实验预习,不仅关系到实验能否顺利进行,而且直接影响到实验效果[3]。书中涉及的实验包括少量的面包板连线实验和大量的 EDA 实验,这两种实验的基本步骤不同。面包板连线方式实验要经历逻辑设计、画电路图、选择芯片、连线、测试等基本步骤。EDA 实验通常按照总体设计、模块划分、子模块设计、编程、仿真、下载等步骤进行。实验预习要做好如下工作:

(1) 充分理解实验相关的理论基础。
(2) 明确实现方法,选择相关的软硬件工具。
(3) 根据教师要求,完成相应设计,考虑实验中可能出现的问题,并思考解决方案。

1.1.2 实验过程

面包板连线方式实验要注意以下几点:
(1) 连线时不要将电源极性接反。

(2) 合理利用信号线的颜色。

(3) 测试发现错误不要盲目拆线,可参考 1.1.3 节检查故障原因。

EDA 实验要注意以下几个方面:

(1) 采用自顶向下的设计思路。

(2) 不要急于编程,设计比编程更重要。

(3) 仿真的数据要典型。

(4) 下载前要检查相应连线是否正确。

1.1.3　实验中常见问题及解决

在实验中,出现问题是难免的,根据现象(或提示)找到原因很重要。

1. 面包板连线实验

本书中涉及的面包板实验都是组合逻辑电路实验,其可能出现的故障如下。

(1) 芯片发热。

出现问题的原因有两个:其一是电源极性接反,可将电路断电,检查电源极性;其二是芯片损坏,可换一片相同型号的芯片重新检测。

(2) 输出信号不随输入信号的改变而变。

① 连线原因。芯片的接地和接电源线接触不良。

② 芯片原因。芯片型号不对或某个芯片已损坏。

(3) 电路输出不正确。

① 设计原因。电路设计可能不正确。

② 连线原因。电路中的信号线可能接错,也可能信号线有断线或接触不良。

除了上面描述的故障原因外,还有一些故障是由于不能正确使用实验器械而引起的,故在实验前要熟悉实验器械(包括面包板和示波器等)。

2. EDA 实验故障

应用 EDA 技术,使用 CPLD 实现时,造成错误的主要原因如下。

(1) 设计错误。设计错误体现在下列几个方面:没有正确理解题目要求、考虑不够周全、模块划分不当、模块之间的关系不清晰等。

(2) EDA 错误。目前实验使用的是 EDA 软件 Quartus,通常采用的硬件描述有 VHDL、Verilog 等。

以 VHDL 语言为例,基本 VHDL 编程语法错误如下:

★ 丢失关键字、符号和端口设置。

★ 前后不能呼应,丢失结尾等,如 if 对应 end if。

★ 实体与保存名不一致,调用名与实际名不一致,前后应用名不一致。

★ 从其他机器或 U 盘转换到另台机器时,由于版本不一致,致使字符及符号出错。

★ 要求的数据位数与程序中数据位数不一致出错。

★ 多个源冲突。

★ 设置端口、信号及变量数据类型出错。

★ 调用的文件必须与主文件在同一个文件包内。

★ 对一些运算及类型转换，必须加载库。例如：

  use ieee. std_logic_unsigned. all；
  use ieee. std_logic_arith. all；
  use ieee. numeric_std. all；

以下是常见错误及分析。

  ★ Error：Top – level design entity "XXX" is undefined.

  错误原因：顶层实体没有定义。要把工程名和实体名设为同一个。

  解决方法：执行 Assignments –> Settings 命令，打开后单击第一个 General 选项，在 Top – level entity 标签指示下的编辑框里输入 VHDL 文本里的实体名字。

  ★ Error：VHDL Interface Declaration error in ALU. vhd(75)：interface object "f" of mode out cannot be read. Change object mode to buffer or inout.

  错误原因：信号类型设置不对。

  解决方法：out 改为 buffer 或 inout。

  ★ Error：Node instance "u2" instantiates undefined entity "regi1".

  错误原因：① 引用了例化元件"regi1"，但低层并未定义这个实体；② 引用时，元件名 regi1 写错了。

  解决方法：① 定义实体"regi1"；② 修改元件名。

  ★ Error：VHDL error at reg. vhd(39)：actual port "dinput" of mode "out" cannot be associated with formal port "D" of mode "in".

  错误原因：通常出现在层次化设计中，端口 dinput 的模式为输出，端口 D 的模式为输入，两者无法实现连接。可能是设计错误或者端口模式错误。

  解决方法：检查端口模式是否误写，如果不存在误写，需要重新审查具体设计。

  ★ Error：VHDL error at a2for4. vhd(4)：object "std_logic_vector" is used but not declared.
   Error：VHDL error at a2for4. vhd(6)：object "std_logic" is used but not declared.

  错误原因：缺少程序包说明。

  解决方法：可以考虑添加"library ieee； use ieee. std_logic_1164. all；"

  ★ Error：VHDL error at ALU. vhd(45)：can't determine definition of operator " " + " " – – found 0 possible definitions.

  错误原因：无法确定操作符"+"的定义。

  解决方法：可以考虑添加"library ieee； use ieee. std_logic_unsigned. all；"

  ★ Error：VHDL error at regi. vhd(12)：can't infer register for signal "qout[0]" because signal does not hold its value outside clock edge.

  错误原因：信号无法在时钟边沿外赋值。不符合触发器的描述方式，现有综合工具支持不了这种特殊的触发器结构。在编程时，如果使用了"if clk' event and clk = '1'then – else …"的结构，一般会出现这种错误提示。

  解决方法：将上述 if 语句中的 else 删除。

  ★ Error：VHDL expression error at cpu_defs. vhd(16)：expression has 4 elements，but must have 5 elements.

  错误原因：必须要有 5 个元素，而语句中只有 4 个元素。

解决方法：语句中添加一个元素。
- ★ Error：VHDL syntax error at cpu_defs.vhd(6) near text "and"; expecting an identifier ("and" is a reserved keyword), or a character.

错误原因：VHDL中保留关键字不能作为标识符。

解决方法：重新命名相关的标识符。
- ★ Error：Ignored construct a at ALU.vhd(20) because of previous errors.

错误原因：前一个错误导致。

解决方法：修改前面的错误。
- ★ Error：VHDL error at cpu.vhd(133): type of identifier "mar" does not agree with its usage as integer type.

错误原因："mar"的定义类型与使用的类型不一致。错误一般出现在赋值符左右两边类型不匹配的情况下。

解决方法：可以考虑类型转换或重新定义数据类型。
- ★ Error：Can't resolve multiple constant drivers for net "z" at ALU.vhd(27).

错误原因：对"z"进行了多次赋值。

出现问题是因为"无意的线或逻辑"（Unintentional Wired – OR logic），同一信号量（或变量）在两个进程或赋值语句中多次被赋值。

解决方法：在程序中查找是否存在两个进程或赋值语句中同一信号量（或变量）被多次赋值。
- ★ Error：Run Generate Functional Simulation Netlist (quartus_map ALU -- generate_functional_sim_netlist) to generate functional simulation netlist for top level entity "ALU" before running the Simulator (quartus_sim)

错误原因：仿真模式为功能仿真，但仿真前没有建立功能仿真的网表文件。

解决方法：先建立功能仿真的网表文件，再仿真。

（3）测试不正确。下载到CPLD后，对实验结果进行测试。可能存在一些连接错误，如电源和接地端没有正确连接等。

1.1.4 实验报告

撰写实验报告不仅能总结实验内容，更能巩固和加深对理论知识的理解，还能培养学生的写作能力，提高分析和解决问题的能力。

所撰写的实验报告要求内容详实、条理清晰，图表工整。一般应包括如下内容：

（1）实验内容及需求分析。

（2）实验过程（包括设计、实现和测试）及各种图表。

（3）实验分析及总结。包括实验进行是否顺利，说明实验过程中出现的问题、原因以及解决对策，或者实验失败的原因，本次实验的收获，以后应该注意的问题等。

▷▷ 1.2 实验器械

本书涉及的部分实验可以使用TDS-4型数字系统综合实验平台和示波器完成，也可以使用其他数字逻辑实验平台及设备完成。

1.2.1 TDS-4型数字系统综合实验平台简介

TDS-4型数字系统综合实验平台广泛应用于以集成电路为主要器件的数字逻辑实验中。平台由平台面板、内部电路及扩展模块组成。平台面板图如图1-1所示，它由上、中、下三个部分构成。

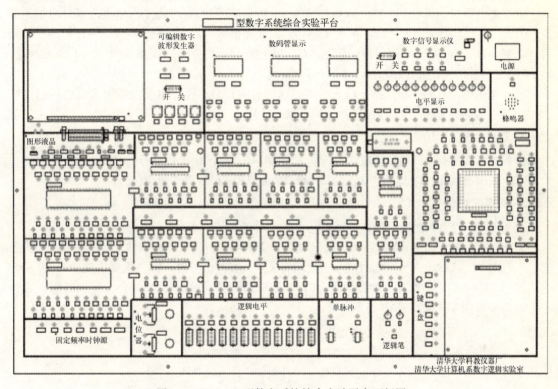

图1-1 TDS-4型数字系统综合实验平台面板图

1. 面板上部

面板上部由电源区、数字信号显示仪专用插座区、LED指示灯区、数码管区、图形液晶区、可编辑数字波形发生器区组成。

★ 电源区：由电源电路板、指示灯组成，电源电路板置于平台下方，电源开关接通后，交流220V经过它转换成直流+5V，供实验平台使用。并装有自恢复保险器，其抗短路能力强，安全可靠。

★ 数字信号显示仪专用区：内置一台数字信号显示仪，8路测试插孔，通过专用电缆将J2插座与计算机串口相连，可进行测试。这是该平台特色之一。

★ LED指示灯区：由红、绿、黄三色发光二极管组成，每4个采用一种颜色，共12个。可显示逻辑电平的高低，输入插孔接高电平时，发光二极管亮为逻辑电平"H"，输入插孔接低电平时，发光二极管灭为逻辑电平"L"。12个发光二极管由非门驱动。

★ 数码管区：由3组6个共阳极数码管、专用插孔、驱动电路组成。每个数码管由一片BCD七段译码器/驱动器74LS47驱动。只需在各数码管的4个输入插孔输入BCD码，数码管就显示出相应数字。DCBA 4 个插孔由高到低。
- ★ 可编辑数字波形发生器区：该区由图形液晶，调光电位器，连接插座，4 个控制按钮、4 路输出插孔 CK0、CK1、CK2、CK3 和内置的单片机及控制电路组成，为使用者提供多种选择。
- ★ 图形液晶区：用户可自行对该图形液晶进行编程。

在本实验系统中，△MGLS – 12864 点阵图形液晶显示器具有两个功能。一是当用于可编辑数字波形发生器时，须将 J4、J5、J6 插座的 1、2 用短路子相连；J7、J8、用短路子对应相连即 J7 的 1 与 J8 的 1 相连，J7 的 2 与 J8 的 2 相连，以此类推。二是当用户自行应用图形液晶时，须将 J4、J5、J6 插座的 2、3 用短路子相连；J8、J9 用短路子对应相连即 J8 的 1 与 J9 的 1 相连，J8 的 2 与 J9 的 2 相连，以此类推。

- ★ 小喇叭电路：向"In"插孔输入不同频率的数字信号，通过驱动三极管的基极控制喇叭按希望的频率鸣叫，可做报警或电子琴输出用。

2. 面板中部

面板中部是实验区即通用插座区：包括 2 个 DIP40、2 个 DIP24、3 个 DIP20、3 个 DIP16、2 个 DIP14 的圆孔插座，以及 ALTERA 的 EPM7128 可编程 CPLD 器件专用区。

3. 面板下部

面板下部由键盘区、单脉冲区、逻辑电平区、固定频率时钟源区、电位器区构成。

- ★ 键盘区：键盘是 4×4 电容式键盘，如图 1-2 所示，引出了 4 根行线（X1～X4），4 根列线（Y1～Y4）。在每一条行线与列线的交叉点接有一个按键，16 个按键的编号为 K0～KF（即 K0～K15），当某一个按键闭合时，与该键相连的行线与列线接通。使用时根据实验需要可用单片机或 GAL 控制。

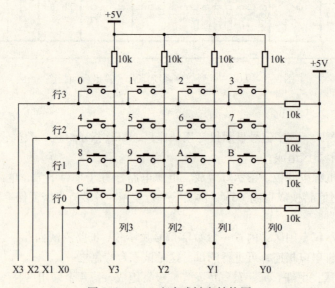

图 1-2 4×4 电容式键盘结构图

- ★ 单脉冲区：单脉冲信号是数字电路实验中需用的时钟信号，由 P1、P2 两路组成，每按一次按钮，对应插孔就产生一个单脉冲。单脉冲电路由 RS 触发器构成，可消除抖动。

★ 逻辑电平区：由 K0～K11 共 12 个拨动开关组成。提供逻辑电平，向上为逻辑电平"H"，向下为逻辑电平"L"。拨动开关的接电源端串接了 2kΩ 的电阻。

★ 固定频率时钟源区：可输出 12 MHz、6 MHz、3 MHz、2 MHz、1 MHz、500 kHz、100 kHz 共 7 种频率的方波。由 12 MHz 晶振产生脉冲信号通过编写可编程器件 GAL16V8 产生所需的 6 种不同频率的方波。

★ 电位器区：有两个电位器，一个是 10 kΩ，另一个是 4.7 kΩ。两个电位器的三端分别接到相应的插孔上，供使用。

1.2.2 示波器简介

实验用示波器的面板如图 1-3 所示，其左侧包括如下部件。

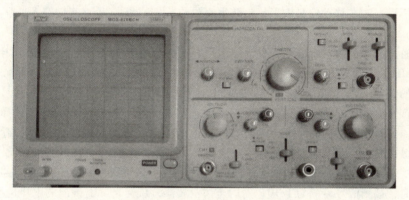

图 1-3 实验用示波器的面板

★ 荧光屏。荧光屏是示波器的显示部分。屏上水平方向和垂直方向各有多条刻度线，指示出信号波形的电压和时间之间的关系。水平方向指示时间，垂直方向指示电压。水平方向分为 10 格，垂直方向分为 8 格，每格又分为 5 份。垂直方向标有 0%、10%、90%、100% 等标志，供测直流电平、交流信号幅度、延迟时间等参数使用。根据被测信号在屏幕上占的格数乘以适当的比例常数（V/DIV，TIME/DIV）能得出电压值与时间值。

★ 电源。当按下此开关时，电源指示灯亮，表示电源接通。

★ 灰度（Intensity）。旋转此旋钮能改变光点和扫描线的亮度。观察低频信号时可小些，高频信号时大些。一般不应太亮，以保护荧光屏。

★ 聚集（Focus）。聚集旋钮调节电子束截面大小，将扫描线聚集成最清晰状态。

★ 标准信号源（CAL）。提供标准时钟信号，用于校准示波器的时基和垂直偏转因数。

示波器右侧有如下主要部件：

★ 垂直偏转因数选择（VOLTS/DIV）。在单位输入信号作用下，光点在屏幕上偏移的距离称为偏移灵敏度，这一定义对 X 轴和 Y 轴都适用。灵敏度的倒数称为偏转因数。垂直灵敏度的单位是 cm/V、cm/mV 或者 DIV/mV、DIV/V，垂直偏转因数的单位是 V/cm、mV/cm 或者 V/DIV、mV/DIV。实际上，因习惯用法和测量电压读数的方便，有时也把偏转因数作为灵敏度。

示波器的每个通道各有一个垂直偏转因数选择波段开关。一般按 1、2、5 方式从 5mV/

DIV 到 5V/DIV 分为 10 挡。波段开关指示的值代表荧光屏上垂直方向一格的电压值。例如，波段开关置于 1V/DIV 挡时，如果屏幕信号光点移动一格，则代表输入电压信号变化 1V。

★ 时基选择（TIME/DIV）。时基选择的使用方法与垂直偏转因数选择类似。时基选择也通过一个波段开关实现，按 1、2、5 方式把时基分为若干挡。波段开关的指示值代表光点在水平方向移动一个格的时间值。例如，在 1μs/DIV 挡，光点在屏上移动一格代表时间值 1μs。

★ ×10mag（扩展）按钮。通常，×10 扩展即水平灵敏度扩大 10 倍，时基缩小到 1/10。例如，在 2μs/DIV 挡，扫描扩展状态下，荧光屏上水平一格代表的时间值等于 2μs × (1/10) = 0.2μs。

★ 位移（Position）旋钮。调节信号波形在荧光屏上的位置。旋转水平位移旋钮（标有水平双向箭头）左右移动信号波形，旋转垂直位移旋钮（标有垂直双向箭头）上下移动信号波形。

★ 输入通道选择。输入通道至少有三种选择方式：通道 1（CH1）、通道 2（CH2）、双通道（DUAL）。选择通道 1 时，示波器仅显示通道 1 的信号。选择通道 2 时，示波器仅显示通道 2 的信号。选择双通道时，示波器同时显示通道 1 的信号和通道 2 的信号。测试信号时，首先要将示波器的地与被测电路的地连接在一起。根据输入通道的选择，将示波器探头插到相应通道的插座上，示波器探头上的地与被测电路的地连接在一起，示波器探头接触被测点。示波器探头上有一双位开关。此开关拨到"×1"位置时，被测信号无衰减地被送到示波器，从荧光屏上读出的电压值是信号的实际电压值。此开关拨到"×10"位置时，被测信号衰减为 1/10，然后送往示波器，从荧光屏上读出的电压值乘以 10 才是信号的实际电压值。

★ 输入耦合方式。输入耦合方式有三种：交流（AC）、地（GND）、直流（DC）。当选择"地"时，扫描线显示出"示波器地"在荧光屏上的位置。直流耦合用于测定信号直流绝对值和观察极低频信号。交流耦合用于观测交流和含有直流成分的交流信号。在数字电路实验中，一般选择"直流"方式，以便观测信号的绝对电压值。

第 2 章

门电路和组合逻辑电路

集成逻辑门电路是数字电路的基础，本章在简述集成逻辑门电路特点的基础上，指导学生完成门电路延迟时间测试、三态门构成公共总线等实验。

组合逻辑电路的特点是，电路任意时刻的稳定输出仅取决于该时刻的输入信号，而与电路原来的状态无关。组合逻辑电路实验是数字电路实验的重要部分。本章简述译码器、编码器、数据选择器及运算部件等组合逻辑部件的基本工作原理，给出针对相应实验的具体指导。

▷▷ 2.1　门电路特性研究实验

本实验是数字电路的入门实验。通过实验，使学生理解基本 TTL 电路的工作特性，掌握根据实验目的设计实验电路的方法，培养学生分析问题及解决问题的能力。

2.1.1　实验目的

(1) 掌握门电路的主要特性及逻辑功能，熟悉集成电路器件的引脚和用法。
(2) 掌握门电路延迟时间的测量方法。
(3) 掌握门电路延迟时间对电路的影响。
(4) 掌握三态门构成公共总线的特点和方法。
(5) 了解"线与"的概念。

2.1.2　实验器件

(1) 二输入四与非门　　74LS00　　2 片
(2) 二输入四异或门　　74LS86　　1 片
(3) 三态输出的四总线缓冲门　　74LS125　　1 片

2.1.3　实验要求

(1) 测试与非门传输延迟时间 tpd。

(2) 测试延迟时间 tpd 产生的尖峰信号。

(3) 设计一个电路，消除尖峰干扰的影响并分析尖峰干扰的原因和消除的方法。

(4) 测试三态门的逻辑功能，设计一个用 4 个三态门构成的单向公共总线，实现"线与"功能。

2.1.4 实验原理

1. 集成电路简介

按照集成逻辑门组成的有源器件的不同，集成电路可分为两大类：一类为双极型晶体管集成电路，它主要有晶体管－晶体管逻辑门（Transistor Transistor Logic，TTL）、射极耦合逻辑门（Emitter Coupled Logic，ECL）和集成注入逻辑门（Integrated Injection Logic，I^2L）等几种类型。另一类为金属－氧化物－半导体场效应晶体管（Metal Oxide Semiconductor，MOS）集成电路，它又可分为 NMOS（N 沟道增强型 MOS 管构成的逻辑门）、PMOS（P 沟道增强型 MOS 管构成的逻辑门）和 CMOS（利用 PMOS 管和 NMOS 管互补电路构成的门电路，故又称为互补 MOS 门）等几种类型[3]。

目前，数字系统中普遍使用 TTL 和 CMOS 集成电路。TTL 集成电路工作速度快、驱动能力强、但功耗大、集成度低；CMOS 集成电路集成度高、功耗低，其缺点是工作速度略慢。超大规模集成电路基本上都是 MOS 集成电路，本实验中采用的是 TTL 集成电路。

在 TTL 门的内部电路中，由于三极管和二极管从导通变为截止或从截止变为导通都需要一定的时间，而且还存在二极管、三极管以及电阻、连接线等的寄生电容，所以理想的矩形波电压信号经过门电路后，其输出电压波形要比输入信号滞后，而且波形的上升沿和下降沿要变坏。

在理论上讨论组合逻辑设计的时候，总是假定输入和输出都处于稳定的逻辑电平上。在实际设计中，由于存在门的传输延时、线延时，可能出现偏离理想状态的情况，使得在输入信号逻辑电平发生跳变时，按照理想情况设计的逻辑电路产生错误输出。

2. 竞争和冒险

一个门电路的两个输入信号同时向相反的逻辑电平跳变的现象称为竞争。这个跳变可以是一个从逻辑 1 跳变到逻辑 0，另一个从逻辑 0 跳变到逻辑 1，也可以是两个同时从 0 跳变到 1，或从 1 跳变到 0。由于竞争可能会在电路输出端产生不希望出现的尖峰脉冲，称之为冒险。竞争－冒险现象产生的原因主要有两个方面：一是信号上升时间和下降时间不同引起的竞争－冒险；二是不同传输路径引起的竞争－冒险。

3. 三态门

在数字系统和计算机电路应用中，有时需要将逻辑门的输出直接连接在一起，以简化电路的结构或控制的便利，如共用数据通道、输出钳位等。但是，普通 TTL 逻辑门的输出是不能直接连接在一起的。

使逻辑门的输出能连接在一起需要解决两个问题：一是器件正常工作不受影响；二是输出连接在一起后的逻辑状态是明确的。解决这两个问题，现在一般采用输出门均截止或集电极开路输出方式。前者增加了一个输出均截止的状态（高阻态），称为三态门；后者去掉了集电极直接输出，称为集电极开路门（简称 OC 门）。

三态门的主要用途之一是实现总线传输，即用一个传输通道（称为总线），以选通方式传送多路信息。使用时,要求只有需要传输信息的那个三态门的控制端处于使能状态,其余各门皆处于静止状态。若同时有两个或两个以上三态门的控制端处于使能状态,则会出现与普通 TTL 门线与运用时的同样问题,因而是绝对不允许的[4]。

2.1.5 实验预习

(1) 了解实验箱基本构成(参考 1.3.1 节的实验箱简介)。
(2) 熟悉示波器的基本使用方法(参考 1.3.2 节的示波器简介)。
(3) 了解 74LS00 芯片、74LS86 芯片和 74LS125 芯片(参考附录 A),重点是各个引脚的定义。
(4) 参考图 2-2 实现测试门电路延迟时间的电路、思考如何设计用 74LS00 芯片和 74LS86 芯片实现测试尖峰信号的电路、如何用 74LS125 芯片构成单向公共总线。

2.1.6 实验过程及结果分析

(1) 熟悉示波器的基本用法。重点是如何确定矫正初始化各个调节参数。
(2) 测试与非门传输延迟时间 tpd。
① 理解 TTL 门电路延迟时间 tpd 的概念,测试电路如图 2-1 所示。

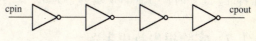

图 2-1 测试门电路延迟时间的电路

用 74LS00 芯片实现的参考测试电路如图 2-2 所示。
其中,1-6、8-13 表示 74LS00 的引脚编号。
注意:7 号引脚(GND)和 14 号引脚(VCC)的正确接入。
② 在示波器上调出类似图 2-3 的波形,并进行分析与测试。

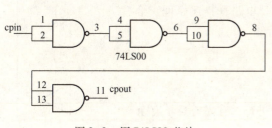

图 2-2 用 74LS00 芯片
实现的参考测试电路

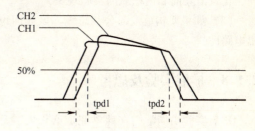

图 2-3 测试延迟时间的波形图

测试结果:
$$tpd = (tpd1 + tpd2)/2$$

其中,tpd1、tpd2 由示波器读出。一个门电路的延时时间为 tpd/4。

注意:与非门门电路内部也是由多个二极管、三极管、MOS 管等组成的,由于极间电容分布电感以及传输时间等参数的影响最终导致延时,而极间电容分布电感以及每个二极管、三极管、MOS 管的参数不可能做到完全一样,所以每个门电路的延时时间不一样。

(3) 组建电路并根据实验要求测试尖峰信号,参考电路如图 2-4 所示。
电路中,cpin 连接输入脉冲,由输出 vout 观察尖峰信号。

(4) 思考图 2-4 电路中尖峰信号产生的原因。考虑如何消除尖峰信号。
(5) 三态门逻辑功能。
① 芯片 74LS125 的三态门是低电平有效，当 C = 0 时导通，C = 1 时截止，处于高阻态。图 2-5 是三态门的逻辑符号。

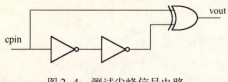

图 2-4　测试尖峰信号电路　　　　图 2-5　三态门的逻辑符号

② 在面包板上测试三态门逻辑功能。
注意：三态门有两种。第一种是本实验所用的 74LS125，是低电平有效的传输门；第二种是高电平有效的非门。
(6) 用 4 个三态门构成单向公共总线，测试并分析。参考电路如图 2-6 所示。
① 用芯片 74LS125 连接测试电路。
② 为了便于测试，4 个三态门输入端可分别接 "0"、"1"、"cp1"、"cp2"。考虑总线的工作特性，工作时，C1 ~ C4 只有一个为 0，其余为 1。

2.1.7　实验报告及思考题

(1) 通过在示波器上观察 "测试与非门传输延迟时间 tpd" 的实验结果，得到什么结论？
(2) 举例说明如何消除尖峰信号的影响（描述原理、给出电路图、比较消除前和消除后的实验现象）。
(3) 如果要构成双向公共总线，该如何设计电路（描述原理、给出电路图）？

2.1.8　扩展实验及思考

扩展实验由同学们在课堂完成必做实验后进行，有兴趣且学有余力的同学也可在课下进行。
(1) 学习 Quartus 软件的基本用法（参考附录 B）。
(2) 熟悉利用 Quartus 软件 "图形块输入" 建立电路的基本方法。
并依此方法重做 2.1.6 节中的 (3) 和 (4)。可适当增加延时电路，根据实验结果，你发现什么问题？

图 2-6　测试用 4 个三态门构成的单向公共总线

▷▷ 2.2　组合逻辑电路实验——译码器与编码器的设计

译码器在数字系统中有广泛的用途，不仅用于代码的转换，终端的数字显示，还用于数据分配、存储器寻址和组合控制信号等。
编码器的功能恰好与译码器相反，在输入或输出信号需要编码的场合有着非常广泛的应用。

2.2.1 实验目的

(1) 加深理解译码器和编码器的工作原理。
(2) 熟悉 VHDL 实现译码器和编码器的方法。
(3) 学会使用 EDA 软件——Quartus。

2.2.2 实验要求

(1) 设计 4-16 译码器,要求:
① 具有使能端。使能端有效时,译码器根据输入状态,使输出通道中相应的一路有信号输出(为'0'),其余为'1';使能端无效时,译码器被禁止,所有输出无效(为'1')。
② VHDL 编程实现,在 Quartus Ⅱ 环境中进行仿真。
(2) 设计 BCD 码编码器,要求:
① 具有使能端。使能端有效时,编码器处于正常工作状态,根据输入(10 个数码之一),产生 4 位输出。
② VHDL 编程实现,Quartus Ⅱ 环境中仿真,下载到实验箱验证。
③ 实验箱的输入开关、数码管,以及设计的编码器三者连接,在数码管上观察实验结果。

2.2.3 实验原理

译码器是一个多输入、多输出的组合逻辑电路,它的作用是对给定的代码进行"翻译",变成相应的状态,使输出通道中相应的一路有信号输出。译码器的种类很多,常见的有二进制译码器、二-十进制译码器和数字显示译码器。

二进制译码器能将 n 个输入变量变换成 2^n 个输出,且输出与输入变量构成的最小项具有对应关系,如 3-8 译码器(真值表如表 2-1 所示)、4-16 译码器。

二-十进制译码器能将 4 位 BCD 码的 10 组代码翻译成与 10 个十进制数字符号对应的输出信号。

数字显示译码器是不同于上述译码器的另一种译码器。在数字系统中,通常需要将数字量直观地显示出来,一方面供人们直接读取处理结果,另一方面用以监视数字系统工作情况。因此,数字显示电路是许多数字设备不可缺少的部分。

表 2-1 3-8 译码器真值表

使能端			代码输入			译码器输出							
G_1	G_2	G_3	A_2	A_1	A_0	Y_7	Y_6	Y_5	Y_4	Y_3	Y_2	Y_1	Y_0
×	1	×	×	×	×	1	1	1	1	1	1	1	1
×	×	1	×	×	×	1	1	1	1	1	1	1	1
0	×	×	×	×	×	1	1	1	1	1	1	1	1
1	0	0	0	0	0	1	1	1	1	1	1	1	0

续表

使能端			代码输入			译码器输出							
G_1	G_2	G_3	A_2	A_1	A_0	Y_7	Y_6	Y_5	Y_4	Y_3	Y_2	Y_1	Y_0
1	0	0	0	0	1	1	1	1	1	1	1	0	1
1	0	0	0	1	0	1	1	1	1	1	0	1	1
1	0	0	0	1	1	1	1	1	1	0	1	1	1
1	0	0	1	0	0	1	1	1	0	1	1	1	1
1	0	0	1	0	1	1	1	0	1	1	1	1	1
1	0	0	1	1	0	1	0	1	1	1	1	1	1
1	0	0	1	1	1	0	1	1	1	1	1	1	1

常用的数码管由七段或八段构成字形，与其相对应的有七段数字显示译码器和八段数字显示译码器。中规模集成电路 74LS47，是一种常用的七段显示译码器，该译码器能够驱动七段显示器显示 0~15 共 16 个数字的字形，其输入 A3、A2、A1 和 A0 接收 4 位二进制码，输出 Qa、Qb、Qc、Qd、Qe、Qf 和 Qg 分别驱动七段显示器的 a、b、c、d、e、f 和 g 段。

所谓编码，是用文字、符号或者数字表示特定对象的过程（即用二进制代码表示不同事物）。根据编码的不同，可将编码器分为二进制编码器和二－十进制编码器两种。二进制编码器是用 n 位二进制代码对 $N = 2^n$ 个信号进行编码的电路，如 3 位二进制编码器（8 线－3 线）；二－十进制编码器是用 4 位二进制代码对 0~9 十个信号进行编码的电路（如 8421BCD 编码器）。根据编码信号是否存在优先级，可分为普通编码器和优先编码器两种。

2.2.4 实验预习

（1）熟悉各种译码器（尤其是二进制译码器）的功能表。
（2）熟悉编码器（尤其是二－十进制编码器）功能。
（3）了解实验箱上"数码管区"的功能。
（4）了解 Quartus Ⅱ 的使用（包括建立工程、输入设计文件、仿真、下载等）。
（5）设计实现电路。
（6）复习 VHDL 语法，构思本实验程序框架。

2.2.5 实验过程及结果分析

（1）在 Quartus Ⅱ 下实现 4-16 译码器。
① 根据真值表编写 VHDL 代码。
② 创建工程。
③ 新建 VHDL 文件。
④ 编译、仿真、观察仿真结果。
（2）在 Quartus Ⅱ 下实现 BCD 码编码器，并在实验箱观察运行结果。
① 确定输入（10 个，分别表示 0~9 十个数码之一）和输出（根据实验箱特点，需要 4 位输出，对应为输入十进制数的 BCD 码）。明确输入和输出的关系，编写 VHDL 代码。

② 创建工程。
③ 新建 VHDL 文件。
④ 编译、定义引脚。
⑤ 仿真、电路烧录到 EPM7128SLC – 15 芯片。
⑥ 以实验箱逻辑电平区的拨动开关为输入（分别假定每个开关为一个十进制数）、LED 指示灯为输出（每个指示灯为 BCD 码的 1 位），连接电路。
⑦ 以实验箱逻辑电平区的拨动开关为输入、数码管区的共阳极数码管为输出，观察运行结果。

2.2.6 实验报告及思考题

（1）分析 4–16 译码器的仿真结果。
（2）在自己设计的 4–16 译码器的基础上，实现一个三输入的逻辑函数（自己设定），需要再添加什么电路，电路与 4–16 译码器应该怎么连接，用 VHDL 实现是如何做的？
（3）说明 BCD 码编码器引脚定义、烧录过程、电路功能检验结果，在数码管上观察结果。
（4）画出以拨动开关为输入，数码管为输出，自己设计的 BCD 码编码器为中心所连接的整个电路的逻辑框图。

2.2.7 扩展实验

如果以实验箱键盘区按键作为输入，数码管区的数码管作为输出，连接输入/输出的电路该如何设计？

2.3 组合逻辑电路实验——数据选择器的设计

数据选择器是在地址选择信号的控制下，分时地从多路输入数据中选择一路作为输出的电路，它是目前逻辑设计中应用十分广泛的逻辑部件，有 2 选 1、4 选 1、16 选 1 等类型。

2.3.1 实验目的

（1）掌握数据选择器的逻辑功能和特点。
（2）熟悉 VHDL 实现数据选择器的方法。
（3）进一步熟悉 Quartus 的使用。

2.3.2 实验要求

设计 4 路数据选择器，要求：
（1）输入：
① 4 个数据，每个数据是 16 位的二进制数（用 std_logic_vector(15 downto 0)数据类型定义）。选择控制端 2 位，根据控制端的二进制编码，从 4 个输入数据中选择一个需要的数据送到输

出端。

②使能端,当使能端有效时,输入的 4 个数据中的某个数据输送到输出端,当使能端无效时,输出为高阻态"ZZZZZZZZZZZZZZZZ"。

(2)输出:一个 16 位的二进制数或者高阻态。

2.3.3 实验原理

数据选择器又叫多路开关,它在选择控制(地址码)的控制下,从几个数据输入中选择一个并将其送到一个公共的输出端。数据选择器的功能类似一个多掷开关。4 选 1 数据选择器原理示意图如图 2-7 所示。在 VHDL 语言中,可以用 case 语句来生成一个数据选择器。

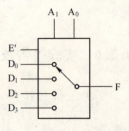

图 2-7 4 选 1 数据选择器原理示意图

2.3.4 实验预习

(1)熟悉多路选择器功能。
(2)复习 VHDL 语法,构思本实验程序框架。

2.3.5 实验过程及结果分析

按照实验要求,在 Quartus Ⅱ下实现 4 路数据选择器。
(1)创建工程。
(2)新建 VHDL 文件。
(3)编译、仿真、观察仿真结果。

2.3.6 实验报告及思考题

(1)分析 4 路数据选择器的仿真结果。
(2)想一想自己设计的 4 路数据选择器能应用在哪里?

2.3.7 扩展实验

将 4 路数据选择器改为"输入 4 个数据,每个数据是 1 位的二进制数",怎么利用这个数据选择器实现 3 输入逻辑函数?

2.4 组合逻辑电路实验——运算部件的设计

全加器是数字系统尤其是计算机中最基本的运算单元电路,其主要功能是实现二进制数算术加法运算。

算术逻辑单元(Arithmetic Logical Unit,ALU)是 CPU 运算的核心。ALU 是一种功能较强的组合电路,其基本组合逻辑结构是超前进位加法器。

2.4.1 实验目的

（1）掌握全加器的特点及设计方法。
（2）掌握超前进位的工作原理。
（3）掌握超前进位并行加法器的设计方法。
（4）熟悉 VHDL 模块化设计方法。
（5）熟悉 ALU 的设计方法。

2.4.2 实验要求

（1）基于 QuartusⅡ，设计实现一位全加器。
（2）利用 VHDL 模块化设计方法，以设计完成的 1 位全加器为基础，设计实现 4 位并行进位加法器。
（3）设计实现能完成 8 种算术运算和 8 逻辑运算的 16 位 ALU，要求：

① 具有 4 位的功能选择端，其中的 1 位用来选择算术运算/逻辑运算，其余 3 位具体给出是哪一种算术/逻辑运算。8 种算术运算中必须包含加法、减法、加 1、减 1 四种运算，其余自定。8 种逻辑运算必须有与、或、非和传递四种运算，其余自定。固定的 8 种运算功能如表 2-2 所示。

表 2-2 运算功能

运算	操作	对标志位 Z 和 C 的影响
加法	result ←A + B	影响标志位 Z 和 C
减法	result ←A + 1	影响标志位 Z 和 C
加 1	result ←A − B	影响标志位 Z 和 C
减 1	result ←A − 1	影响标志位 Z 和 C
与	result←A and B	影响标志位 Z
或	result←A or B	影响标志位 Z
非	result← not B	影响标志位 Z
传递	result←B	不影响标志位 Z 和 C

其中，A、B 是参与运算的两个 16 位操作数，result 是运算结果（16 位），Z 是零标志位，当运算结果 result = "0000000000000000" 时，Z ='1'，否则 Z ='0'。C 为进位标志位，当运算结果向高位（第 16 位）有进位时，C ='1'，否则 C ='0'。

② 用 VHDL 编程实现，在 QuartusⅡ下编译并仿真。

2.4.3 实验原理

所谓全加器是指既考虑低位进位，又考虑对高位进位的加法器，完成 1 位全加算术运算功能的逻辑电路称为 1 位全加器，其输入为 A_i、B_i、C_{i-1}，输出为 S_i 和向高位的进位 C_i，S_i 和 C_i 的逻

辑表达式为:

$$S_i = (A_i \oplus B_i) \oplus C_{i-1}$$
$$C_i = A_i B_i + (A_i \oplus B_i) C_{i-1}$$

真值表如表 2-3 所示。

表 2-3　1 位全加器真值表

A_i	B_i	C_{i-1}	S_i	C_i
0	0	0	0	0
0	0	1	1	0
0	1	0	1	0
0	1	1	0	1
1	0	0	1	0
1	0	1	0	1
1	1	0	0	1
1	1	1	1	1

用 n 个 1 位全加器实现两个 n 位操作数各位同时相加,这种加法器称为并行加法器。并行加法器中传递进位信号的逻辑线路称为进位链。设两个 n 位操作数为:$A = A_{n-1} A_{n-2} \cdots A_i \cdots A_0$,$B = B_{n-1} B_{n-2} \cdots B_i \cdots B_0$,定义辅助函数 G_i 和 P_i。

$$G_i = A_i B_i$$
$$P_i = A_i \oplus B_i$$

G_i 称为进位产生函数,其含义:若该位两个输入端 A_i 和 B_i 均为 1,则必向高位产生进位,此分量与低位进位无关;P_i 称为进位传递函数,其含义:当 $P_i = 1$ 时,如果低位有进位,则本位必产生进位,即低位传来的进位能越过本位而向更高位传递。因此,

$$C_i = G_i + P_i C_{i-1}$$

串行进位(也叫行波进位)的并行加法器的进位信号逐位形成。其进位信号的逻辑表达式为:

$$C_1 = G_1 + P_1 C_0$$
$$C_2 = G_2 + P2 C_1$$
$$\cdots\cdots$$
$$C_n = G_n + P_n C_{n-1}$$

4 位串行进位的并行加法器逻辑图如图 2-8 所示。

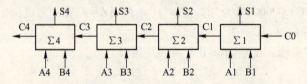

图 2-8　4 位串行进位的并行加法器逻辑图

从串行进位加法器的逻辑图和其进位信号表达式可以看出,这种加法器具有节省器件、成本低的优点,但存在延迟时间长的缺陷。

并行进位（也叫超前进位）的并行加法器的进位信号同时形成。它具有运算速度快的优点。其进位信号的逻辑表达式为：

$$C_1 = G_1 + P_1C_0$$
$$C_2 = G_2 + P_2G_1 + P_2P_1C_0$$
$$\cdots\cdots$$
$$C_n = G_n + P_nG_{n-1} + \cdots + P_nP_{n-1}\cdots P_2P_1C_0$$

4 位先行进位加法器逻辑图如图 2-9 所示。

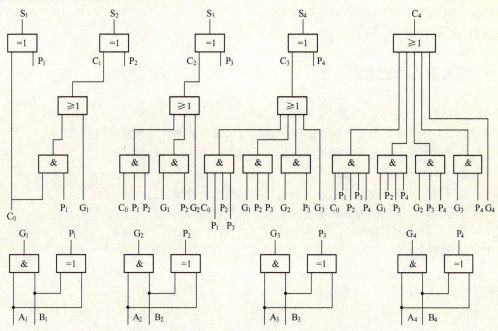

图 2-9　4 位先行进位加法器逻辑图

算术逻辑运算部件 ALU 是一种功能较强的组合逻辑电路，主要完成二进制代码的定点算术和逻辑运算，有时也叫多功能函数发生器，其所完成的算术运算主要包括定点加、减运算等，完成的逻辑运算主要包括逻辑与、或、非、异或等。ALU 的基本逻辑结构是超前进位加法器，它是通过改变加法器的 G_i 和 P_i 来获得多种运算能力的。

2.4.4　实验预习

（1）熟悉 1 位全加器的功能和逻辑结构。
（2）充分理解超前进位加法器的工作原理，熟悉其逻辑结构。
（3）熟悉 VHDL 模块化设计方法、元件例化语句等。
（4）理解并熟悉 ALU 的功能特点。
（5）了解 Quartus Ⅱ里的 RTL 阅读器。

2.4.5　实验过程及结果分析

（1）用 VHDL 设计实现 1 位全加器，在 Quartus Ⅱ下编译、仿真。

（2）设计实现 4 位超前进位的并行加法器。

① 电路输入为两个 4 位的二进制数 A、B 及低位进位 C_0，输出为 4 位的加法结果 result 及向高位的进位 C_4。

② 设计超前进位电路，采用 VHDL 模块化设计方法（例如应用元件例化语句），利用已设计的 1 位全加器，完成设计目标。

③ 用 QuartusⅡ编译通过后，使用 RTL 阅读器观察模块连接情况，仿真观察结果。

（3）设计算术逻辑运算部件 ALU。

① 按实验要求 3，用 VHDL 编程实现 ALU。

② 用 QuartusⅡ编译，仿真。

2.4.6　实验报告及思考题

（1）在设计中遇到什么问题？是怎么解决的？

（2）给出 1 位全加器功能仿真和时序仿真的结果，分析两种结果的不同。

（3）如何用两个 4 位超前进位的并行加法器构成一个 8 位并行加法器？

（4）分析 ALU 功能仿真波形。

（5）如何用加法器实现减法运算？如何判断和的正负及溢出？

（6）是否可以以加法器为核心实现简单的算术逻辑运算单元？

2.4.7　扩展实验

利用 4 位全加器设计 4×4 乘法器。

第3章 时序逻辑电路

时序逻辑电路在逻辑功能上的特点是,任一时刻的输出不仅决定于该时刻的输入,而且和电路的原状态有关。时序逻辑电路在结构上的特点主要有两个:一是电路包含存储元件——通常由触发器构成;二是存储元件的输出和电路输入之间存在反馈连接。

时序逻辑电路是数字电路实验的重要部分,本章在简述触发器、寄存器和计数器实验原理的基础上,针对具体实验给出了指导。为给第4章的综合实验打基础,在本章的最后安排了状态机实验。

3.1 触发器实验

在数字系统中,为了存储二进制编码信息,常用触发器作为存储元件。通常使用的触发器可以在不断电的条件下长期地保持一个二进制状态,直到有输入信号引导它转换到另一个状态为止。触发器可以按照输入端数目、输入信号对触发器输出端状态的影响以及触发方式等分成各种不同类型。

本节介绍触发器基础知识及 VHDL 描述时序电路的规则,指导学生完成基于 EDA 的触发器实验。

3.1.1 实验目的

(1) 了解常用触发器的逻辑功能及特点。
(2) 掌握 VHDL 实现触发器的方法。
(3) 熟悉触发器的仿真。

3.1.2 实验要求

1. 设计实现 JK 触发器

(1) 触发器具有异步复位和置位功能,表 3-1 为其功能表。用 VHDL 编程实现其功能。

表 3-1　JK 触发器功能表

$\overline{S}$	$\overline{R}$	CP	J	K	Q^{n+1}
0	1	×	×	×	1
1	0	×	×	×	0
0	0	×	×	×	Z
1	1	↓	0	0	Q^n
1	1	↓	1	0	1
1	1	↓	0	1	0
1	1	↓	1	1	$\overline{Q^n}$

① 当复位信号有效时，Q^{n+1} = '0'、$\overline{Q^{n+1}}$ = '1'。

② 当置位信号有效时，Q^{n+1} = '1'、$\overline{Q^{n+1}}$ = '0'。

③ 当复位置位信号都有效时，输出为高阻。

④ 当复位和置位信号都无效，且时钟下降沿时，$Q^{n+1} = J\overline{Q^n} + \overline{K}Q^n$。

⑤ 当复位和置位信号都无效，且非时钟下降沿时，$Q^{n+1} = Q^n$。

（2）用 Quartus Ⅱ 仿真，观察结果。

2. 用 VHDL 实现 D 触发器并仿真

（1）触发器具有异步复位和置位功能，表 3-2 为其功能表。

① 当复位信号有效时，Q^{n+1} = '0'、$\overline{Q^{n+1}}$ = '1'。

② 当置位信号有效时，Q^{n+1} = '1'、$\overline{Q^{n+1}}$ = '0'。

③ 当复位和置位信号都无效，且时钟上升沿时，Q^{n+1} = D。

④ 当复位和置位信号都无效，且非时钟上升沿时，$Q^{n+1} = Q^n$。

（2）用 Quartus Ⅱ 仿真，观察结果。

表 3-2　D 触发器功能表

$\overline{S}$	$\overline{R}$	CP	D	Q^{n+1}	$\overline{Q^{n+1}}$
0	1	×	×	1	0
1	0	×	×	0	1
0	0	×	×	Z	Z
1	1	↑	0	0	1
1	1	↑	1	1	0

3.1.3　基础知识

触发器是一种具有记忆功能的二进制存储单元，它是构成时序逻辑电路的基本逻辑部件。

1. 触发器基础知识

触发器有两个稳定的状态，分别表示逻辑 0 和逻辑 1，在适当触发器作用下，根据不同的输入，可将输出置成 0 状态或 1 状态。当输入触发信号消失后，触发器翻转后的状态保持不变。触发器的逻辑功能通常用特性方程、状态转移真值表、时序图来进行描述，这些描述方法本质上是相同的，可以互相转换。

触发器按照逻辑功能不同，可以分为 RS 触发器、D 触发器、JK 触发器、T 触发器和 T' 触发器。按照电路结构不同及触发器受时钟脉冲触发的方式不同，触发器可以分为基本 RS 触发器、同步 RS 触发器、主从 JK 触发器、维持-阻塞 D 触发器。在实际应用中，触发器的选用规则如下[3]：

（1）通常根据数字系统的实现配合关系选用触发器，一般在同一系统中选择具有相同触发方式的同类型触发器较好。

（2）在工作速度要求较高的情况下，采用边沿触发方式的触发器较好，一般来说，速度越高，就越易受外界干扰。上升沿触发还是下降沿触发，原则上没有优劣之分。如果是 TTL 电路的触发器，则输出为"0"时的驱动能力远强于输出为"1"时的驱动能力，尤其是当集电极开路输出时，上升沿更差，所以此时选用下降沿触发更好些。

（3）触发器在使用前必须经过全面测试才能保证可靠性。使用时必须注意置"1"和置"0"脉冲的最小宽度及恢复时间。

（4）CMOS 与 TTL 集成触发器触发方式基本相同，使用时不宜将这两种器件混合使用，因为 CMOS 触发器内部电路结构及对触发时钟脉冲的要求与 TTL 有较大差别。

2. VHDL 语言之时序描述规则

（1）IF 语句。IF 语句中至少应有一个条件句，条件句可以是一个 BOOLEAN 类型的标识符，也可以是一个判别表达式。IF 语句根据条件语句产生的结果，有条件地选择执行其后的顺序语句。其具有四种格式。

格式 1（非完整性条件语句）：

```
IF 条件 THEN 顺序处理语句；
END IF；(条件真则执行,否则直接 END 跳过)
```

这种格式常用于时序逻辑电路设计。在未满足 if 条件，又没有 else 明确指出其他条件下如何操作时，VHDL 综合器将引进一个时序元件保持当前状态值。这种利用不完全条件语句的描述引进寄存器元件，从而构成时序电路的方式是 VHDL 描述时序电路最重要的途径。

格式 2（具有分支的条件语句）：

```
IF 条件 THEN 顺序处理语句；
   ELSE 顺序处理语句；
END IF；
```

这种格式常用于组合逻辑电路设计。

格式 3（具有分支的条件语句）：

```
IF 条件 THEN
   IF 条件 THEN
      顺序处理语句
      ……
   END IF；
END IF；
```

注意：使用时，END IF 应该和嵌入的条件句数量一致。
格式4（多分支IF语句）：

```
IF 条件1  THEN 顺序处理语句；
   ELSIF 条件2 THEN 顺序处理语句；
   ……
   ELSE 顺序处理语句；
END IF；
```

这种IF语句的特点是可以通过关键词设计多个判定条件，其任一分支顺序语句的执行条件是以上各分支所确定条件的相与，即相关条件同时成立。此种格式隐含有优先级的关系，可以用来设计具有优先权的电路。

IF语句是顺序语句，故应放在进程（PROCESS）中。

（2）上升沿和下降沿的描述。

上升沿描述为"clock'EVENT AND clock = '1'"或"rising_edge(clock)"；

下降沿描述为"clock'EVENT AND clock = '0'"或"falling_edge(clock)"。

（3）进程的使用。进程语句是一段复合语句，由一段程序构成，各个进程之间是并行进行的，而进程内部语句都是顺序执行的。一个结构体中可以包括多个进程语句，多个进程之间靠信号（SIGNAL）传递。进程语句的格式如下：

```
[标号:]PROCESS(敏感信号表)
       [说明语句]；——定义一些局部变量
       BGEIN
       [顺序语句]；
       END PROCESS[标号]；
[标号:]PROCESS
       [说明语句]；——定义一些局部变量
       BGEIN
       [顺序语句]；
       WAIT ON 敏感信号表；
       END PROCESS[标号]；
```

进程为一个独立的无限循环语句。它只有两种状态：执行状态和等待状态。满足条件进入执行状态，当遇到end process语句后停止执行，自动返回到起始语句process，进入等待状态。

进程语句本身是并行语句，即同一结构体中的不同进程是并行运行的，但不同的结构体是根据自身的敏感信号独立运行的。

具体应用见附录B。

3.1.4 实验预习

（1）熟悉并掌握触发器功能及分类。
（2）熟悉用VHDL实现触发器的方法。
（3）了解如何用EDA软件仿真时序电路。

3.1.5 实验过程及结果分析

（1）设计实现JK触发器。

① 按照实验要求，用 VHDL 编程实现相关功能。

注意：时序电路 VHDL 的实现方法，可参考附录 B 的典型程序分析。

② Quartus Ⅱ 编译、仿真。

注意：仿真时时钟信号的赋值。

(2) 按照实验要求，用 VHDL 设计实现 D 触发器，并用 Quartus Ⅱ 编译、仿真。

3.1.6 实验报告及思考题

(1) 在设计中遇到什么问题？是怎么解决的？

(2) 利用已设计的 JK 触发器，按照触发器相互转换的方法，设计辅助电路，构成 D 触发器（要求给出设计方法、实施方案）。

3.2 寄存器及寄存器组的设计

3.2.1 实验目的

(1) 掌握寄存器和锁存器的工作原理及设计方法。

(2) 掌握寄存器组的工作原理及设计方法。

(3) 了解计算机中寄存器及寄存器组的概念。

3.2.2 实验要求

(1) 设计 16 位边沿写入的寄存器，要求：

① 具有异步复位端，当复位信号有效时，寄存器清零。

② 具有使能和时钟信号输入端，在使能信号有效且时钟上升（或下降）沿时，输入数据写入寄存器。

③ 用 VHDL 的两种描述方式实现（一种是利用触发器，采用结构化描述方式实现；另一种为非结构化描述方式实现）。

(2) 设计 16×16bit 的双端口寄存器组，要求：

① 寄存器组中有 16 个 16 位的寄存器。

② 存在复位端，当复位信号有效（如 reset = '0'）时，寄存器组中的 16 个寄存器清零。

③ 通用寄存器组中有一组数据输入端（如 input）、两个地址输入端（如 selA，selB）、一个读/写控制端（如 WrA）、两组数据输出端（如 outputA，outputB）。

当读/写控制端为写状态（如 WrA = '1'）时，输入数据（如 input）在时钟信号（如 clk）为上升沿（或下降沿）时写入由一个地址输入端（如 selA）指示的寄存器。

当读/写控制端为读状态（如 WrA = '0'）时，两个地址输入端（如 selA，selB）指示的寄存器数据分别送到两个数据输出端（如 outputA，outputB）。

3.2.3 实验原理

寄存器是由若干个触发器并联采用同一个时钟或使能信号构成的器件。一般采用边沿触发来暂存数据。

锁存器用来锁定输入数据，并给后续逻辑电路提供持续的信号。与寄存器类似，可以用若干个 1 位锁存器或触发器并联构成，一般采用电平控制锁存。

寄存器组是用多个寄存器组成的一个集合。在集合的输入、输出端加上读/写控制就可实现寄存器组。寄存器组写入数据要确定数据是写到哪个寄存器中，由寄存器地址经变量译码器来完成；寄存器组的读出也要确定是从哪个寄存器读出，可由数据选择器来实现，寄存器地址作为选择控制端。

3.2.4 实验预习

（1）理解实验内容的相关原理。

（2）画出由触发器构成寄存器的电路结构图。寄存器组的设计若采用结构化描述方式，需要根据实验要求构思寄存器组的电路结构（译码器，数据选择器，以及 16 个寄存器的连接），并画出结构图。

（3）总结 VHDL 实现时序电路方法。

（4）复习 VHDL 结构化描述方法。

3.2.5 实验过程及结果分析

（1）利用 VHDL 的两种实现方法编程实现具有异步复位端和写使能的 16 位边沿写入的寄存器，用 QuartusⅡ编译、仿真。

（2）设计 16×16bit 的双端口寄存器组。

设计如果采用结构化描述方式，需要做到下面几点。

① 给出顶层输入输出端口，明确各端口功能。

② 根据层次化设计思想，依据自己画的结构图，确定需要的底层元件，编写底层元件的相关代码（可以参考或使用之前实验结果，如译码器、数据选择器、寄存器等）。

③ 按照结构图（要求预习时画出）完成连接。

④ 对顶层实体进行编译、仿真。

3.2.6 实验报告及思考题

（1）记录寄存器、寄存器组等调试过程中发现的各种错误，说明是怎么解决的。

（2）记录寄存器和寄存器组的仿真结果，并分析是否正确。

（3）寄存器在计算机中有什么用处？举一个实例。

（4）如果将前面实验中设计的 16 位 ALU 的运算结果送入寄存器组内某个寄存器中存放，该怎么连接？

3.2.7 扩展实验

（1）设计一个 8 位带并行输入－串行输出的右移移位寄存器。

移位寄存器是一个具有移位功能的寄存器，寄存器中所存的代码能够在移位脉冲的作用下依次左移或右移。把若干个触发器（寄存单元）串接起来，就可以构成一个移位寄存器。移位寄存器的主要用途是实现数据的串－并转换（广泛应用于计算机接口设计中），同时移位寄存器还可以构成序列码发生器、序列码检测器和移位型计数器等。

从逻辑结构上看，移位寄存器有以下两个显著特征：

① 移位寄存器由相同的寄存单元所组成。一般来说，寄存单元的个数就是移位寄存器的位数。为了完成不同的移位功能，每个寄存单元的输出与其相邻的下一个寄存单元的输入之间的连接方式不同。

② 所有寄存单元公用一个时钟。在公共时钟的作用下，各个寄存单元的工作是同步的。每输入一个时钟脉冲，寄存器的数据就按一定的顺序向左或向右移动1位。

通常按数据传输方式的不同对移位寄存器进行分类。移位寄存器的数据输入方式有串行输入和并行输入之分。串行输入就是在时钟脉冲作用下，把要输入的数据从一个输入端依次逐位送入寄存器；并行输入就是把输入端数据从输入端同时送入寄存器。

移位寄存器的移位方向有右移和左移之分。右移是指数据由左边最低位输入，依次由右边的最高位输出；而左移时，右边的第一位为最低位，最左边的则为最高位，数据由低位的右边输入，由高位的左边输出。

移位寄存器的输出也有串行和并行之分。串行输出就是在时钟脉冲作用下，寄存器最后一位输出端依次逐位输出寄存器的数据；并行输出则是寄存器的每个寄存单元均有输出。

（2）设计抢答器。

要求电路能鉴别出4路抢答信号中的第一个到来者，通过指示灯加以指示，并对随后的其他信号不再传输和响应。一种用锁存器实现的抢答器如图3-1所示[6]。

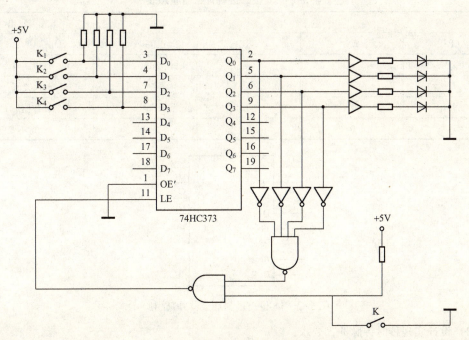

图3-1 用锁存器实现的抢答器

3.3 计数器/定时器的设计

计数器在辅助数字系统和计算机硬件系统中是一个基本功能电路。它是计数、分频、定时、同步和时基等电路的核心,经常在计算机、网络、数字通信等设备中使用。

3.3.1 实验目的

(1) 掌握二进制计数器的工作原理及设计方法。
(2) 掌握利用计数器进行分频的方法。
(3) 了解波特率的概念。

3.3.2 实验要求

(1) 设计 16 位二进制计数器,要求:
① 存在异步复位端。当复位信号有效时,计数器的值清零。
② 在时钟上升沿,且置数信号有效时,对计数器置数。
③ 在时钟上升沿,且计数使能信号有效时,对计数器计数。
④ 复位信号、置数信号、计数使能信号都无效时,计数值保持不变。
16 位二进制计数器状态表如表 3-3 所示,外部引脚如图 3-2 所示。

表 3-3 16 位二进制计数器状态表

输入				输出
CP	EN	PRE	Reset	Q_{15} Q_{14} Q_{13} …… Q_0
×	×	×	1	0 0 0 …… 0
↑	×	1	0	预置值
↑	1	0	0	计数值加 1
×	0	0	0	保持不变

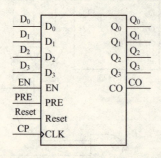

图 3-2 16 位二进制计数器外部引脚

(2) 设计实现秒时钟脉冲,要求:
模 N 计数器的时钟接实验箱的固定频率时钟源区(可输出 12 MHz、6 MHz、3 MHz、2 MHz、1 MHz、500 kHz、100 kHz 共 7 种频率的方波)的任意频率方波,根据选择的频率,确定 N 值,形成秒时钟脉冲。

(3) 设计24 s（秒）定时器，要求：

① 定时器具有使能、复位端。

使能端有效时，24 s定时器进行递减计数，计数到0停止；使能信号无效时，定时器暂停计数；复位端有效时，计数器复位为初始值24。

② 24 s定时器的定时状态在实验箱的数码管区由两个数码管显示（一个显示十位，另一个显示个位）。

3.3.3　实验原理

1. 模N计数器

模N计数器也称为整除N计数器，其功能是反复遍历N个固定状态的计数器。这N个状态序列可以是任意的，当遍历的序列满足二进制计数序列时就是二进制计数器。

2. 分频

分频是将某一信号频率按需要降到另一低频率信号，如二分频是将信号频率降低一半，而信号的占空比（占空比是指高电平在一个周期之内所占的时间比率）保持不变。二进制计数器相邻位之间就是二分频的关系。

3. 秒时钟脉冲的获取[5]

以50MHz系统时钟作为基准时钟，若要得到1s的时钟脉冲，需要对系统时钟进行计数分频，通过下列计算得到计数常数N：

$$N = \frac{1}{\frac{1}{50 \times 10^6}} = 50 \times 10^6 = (10111110101111000010000000)_2$$

根据计数常数可得，秒时钟脉冲需要采用26位二进制计数器实现。具体有两种实现方式：一种是从"0"计数到$50 \times 10^6 - 1$后清"0"，并输出一个时钟宽度的秒脉冲；另一种是预设初值为$17108864 = (01000001010000111110000000)_2$开始计数，计到"0"时重新置入初值，并输出一个时钟宽度的秒脉冲，其中$17108864 = 2^{26} - 50000000$。

定时器的核心是计数器，用已知的基准时钟计数构成。一般有两种实现方式：一是采用计数到某一指定值；二是设定某一时间常数，递减计数至零。常用的方法是采用设定时间常数递减方法，如串行通信的波特率[5]（波特率代表数据的传输速率，即每秒钟传送的二进制位数，单位为位/秒。若波特率为1200，则代表每秒钟有1200个二进制位在数据线上传输，换句话说，即每个二进制位信号电平在数据线上的保持时间为$\frac{1}{1200}$s）等就是采用这种方式。

3.3.4　实验预习

(1) 复习实验内容的原理。思考：如何暂停计数？时钟分频的含义是什么？

(2) 根据实验要求构思自己的实验电路结构（尤其是24 s定时器电路结构），并尝试编写相关代码。

(3) 复习 VHDL 层次化设计方法。

3.3.5 实验过程

(1) VHDL 编程实现 16 位二进制计数器，用 Quartus Ⅱ 编译、仿真。

(2) 设计实现秒时钟脉冲。

① 输入为某一固定频率时钟（在实验箱的固定频率时钟源区选择），输出为秒时钟脉冲。

② 在实验箱的固定频率时钟源区（可输出 12 MHz、6 MHz、3 MHz、2 MHz、1 MHz、500 kHz、100 kHz 共 7 种频率的方波）选择一种频率的方波，根据频率，计算计数常数（参考实验原理）。根据计数常数编写实现代码。

③ 在 Quartus Ⅱ 下编程、编译、仿真。

(3) 设计 24 s 定时器。

① 输入为固定频率脉冲、使能端、复位端，输出为定时状态，输入/输出引脚如图 3-3 所示。其中，固定频率脉冲接实验箱的固定频率时钟源，使能端和复位端接实验箱的开关，定时状态在实验箱数码管区由两个数码管显示。

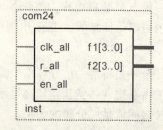

图 3-3 24 s 定时器输入输出引脚

可有多种方式实现整个设计。一种实现方式是用三个模块构成整体设计，三个模块分别为秒时钟脉冲模块（实验过程 2 已经完成设计）、二十四进制计数器模块、编码器模块。

② 用 VHDL 编程设计实现二十四进制计数器。计数器输入为时钟（1 s 的时钟脉冲）、计数使能端和复位端，输出为计数状态。用 Quartus Ⅱ 编译、仿真。

③ 用 VHDL 编程设计实现编码器。编码器输入为二十四进制计数器的计数状态，输出为两个 BCD 码（分别记录计数的十位和个位）。

④ 用 PORT MAP 语句将秒时钟脉冲模块、二十四进制计数器模块、编码器模块连接起来，如图 3-4 所示。

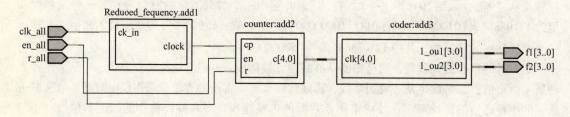

图 3-4 24 s 定时器模块连接图

⑤ 使用 Quartus Ⅱ 编译、仿真、下载到实验箱的可编程逻辑器件上。

⑥ 连接输入/输出。

输入：clk 接固定频率脉冲源（自己设计时选择的频率）、使能端和复位端接逻辑电平区的拨动开关（任意选择两个）。

输出：接数码管区数码管（选择任意两个）的输入插孔中。

⑦ 给输入相关值，观察输出结果。

3.3.6 实验报告及思考题

（1）记录16位二进制计数器、秒时钟脉冲和24 s定时器等调试过程中发现的各种错误，说明是怎么解决的。

（2）记录16位二进制计数器的仿真结果，并分析是否正确。思考这种计数器在计算机中有什么应用。

（3）记录24 s定时器的引脚映射和在实验箱上的运行结果。

（4）考虑采用其他方式实现24 s定时器。

3.3.7 扩展实验

用VHDL实现一个4节拍的循环脉冲发生器（跑马灯设计）。

（1）可以用一个4位的循环计数器实现。

（2）状态表如表3-4所示。

表3-4　4位循环计数器状态表

CP	Q0	Q1	Q2	Q3
0	1	0	0	0
1	0	1	0	0
2	0	0	1	0
3	0	0	0	1

其中，0表示灭，1表示亮。

（3）电路输入为时钟信号和初始化控制端（有效时，Q3Q2Q1Q0 = 1000），输出为4位状态编码。输入/输出引脚如图3-5所示。

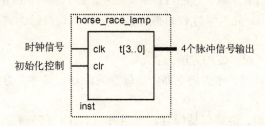

图3-5　循环脉冲发生器外部引脚图

（4）下载到实验箱可编程逻辑器件上，将状态输出接在实验箱LED指示灯区，观察结果。

3.4 状态机实验

有限状态机在数字系统设计中应用十分广泛。由于状态机的输出有时会与输入有关，因此可将状态机分为两大类：Moore（摩尔）型状态机和Mealy（米里）型状态机。Moore型状态机的输出仅与现态有关;Mealy型状态机的输出不仅与现态有关,而且和输入有关,如图3-6所示。

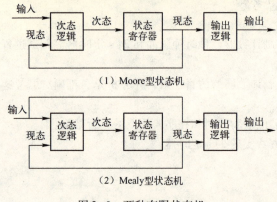

图3-6 两种有限状态机

3.4.1 实验目的

(1) 了解交通红绿灯控制器的工作原理。
(2) 掌握建立状态机的方法。
(3) 掌握状态机的实现方法。
(4) 了解状态机在CPU控制器设计中的应用。

3.4.2 实验要求

十字路口由一条东西方向的主干道和南北方向的支干道构成。主干道和支干道均有红、绿、黄3种信号灯。信号灯按如下规律进行转换[6]:

(1) 若两个方向都没车时,保持主干道绿灯、支干道红灯。
(2) 当两个方向同时有车时,按照红灯30s、绿灯25s、黄灯5s的规律完成红黄绿灯的交替变化。绿灯转红灯过程中,先由绿灯转为黄灯,5s后再由黄灯转为红灯;同时对方才由红灯转为绿灯。
(3) 若一个方向有车时,处理方法为:
① 该方向原来为红灯时,本方向立即由红灯变为绿灯。另一个方向由绿灯变为黄灯,5s后再由黄灯变为红灯。
② 该方向原为绿灯时,继续保持绿灯,直到另一个方向有车来。若另一个方向有车来,按照两个方向同时有车处理。

3.4.3 实验原理

1. 基于状态机的设计

(1) 有限状态机。
有限状态机(Finite State Machine,FSM)十分适合设计数字系统的控制模块。在VHDL中常采用 case、if-else 语句描述基于状态机的设计。

根据输出信号产生方法的不同，状态机可分为两类：Moore（摩尔）型状态机和 Mealy（米里）型状态机。如图 3-6 所示。可以看出，状态机是组合逻辑和寄存器逻辑的特殊组合，它一般包括两个部分：组合逻辑部分和寄存器部分。次态逻辑和输出逻辑为组合逻辑部分，分别用于状态译码和产生输出信号；寄存器部分用于存储状态[1]。状态机的次态是现态及输入信号的函数，摩尔机的输出由状态机的现态决定，Mealy 型状态机的输出则由状态机的现态和输入信号共同决定。

（2）状态机的表示方法。

状态机有 3 种表示方法：状态转换表、算法流程图和状态转换图。这 3 种表示方法是等价的，相互之间可以转换。状态表如表 3-5 所示。算法状态机（ASM）图是一种描述时序数字系统控制过程的算法流程图，其结构形式类似于计算机中的程序流程图，ASM 图如图 3-7 所示[20]。状态转换图如图 3-8 所示。

表 3-5 状态机的状态表

输　入	现　态	次　态	输　出
0	00	01	0
1	00	00	0
……	……	……	……

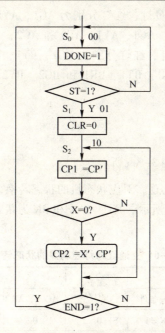

图 3-7　ASM 图

图 3-8（a）为 Moore 型状态图的表示，图 3-8（b）为 Mealy 型状态图的表示。

采用 VHDL 语言实现基于状态机的设计，就是在时钟信号的触发下，完成两项任务：①用 case 或 if-else 语句描述出状态的转移；②描述状态机的输出信号。

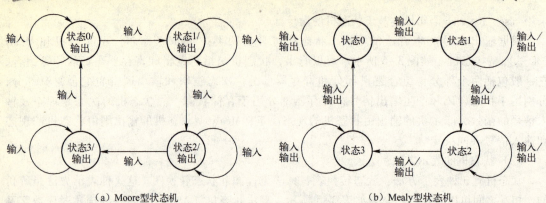

（a）Moore型状态机　　　　　　　　（b）Mealy型状态机

图 3-8　状态转换图

2. 本实验设计方案[6]

（1）在东西南北 4 个方向各装 1 个车辆传感器，有车用 1 表示，无车用 0 表示。主干道的东西分别用 AX1 和 AX2 表示，只要 AX1 和 AX2 中有一个为 1，就说明 A 道有车。支干道的南北分别为 BX1 和 BX2，只要 BX1 和 BX2 中有一个为 1，就说明 B 道有车。

（2）设黄灯 5s 时间到时，T5 = 1，时间未到时，T5 = 0；设绿灯 25s 时间到时，T25 = 1，时间未到时，T5 = 0；

（3）设主干道的东侧绿灯、黄灯、红灯分别为 AG1、AY1、AR1，主干道的西侧绿灯、黄灯、红灯分别为 AG2、AY2、AR2。AG1、AY1、AR1 和 AG2、AY2、AR2 并联，即它们同时点亮或熄灭。支干道的北侧绿灯、黄灯、红灯分别为 BG1、BY1、BR1，支干道的南侧绿灯、黄灯、红灯分别为 BG2、BY2、BR2。BG1、BY1、BR1 和 BG2、BY2、BR2 并联，即它们同时点亮或熄灭。

可以用 0 表示灭，1 表示亮。

3. 模块划分

根据设计要求，模块划分如图 3-9[6] 所示。

图中的控制器即可用状态机实现，对应状态机的状态转换表、算法流程图和状态转换图分别如表 3-6[6]、图 3-10 和图 3-11[6] 所示。其中，AK 和 BK 为状态转换条件表达式，学生可根据实验设计方案分析得出具体表达式。

表 3-6　交通红绿灯控制器的状态转换表

说　明	输　入		次态 (Q1Q0)	输　出			
	现态（Q1Q0）	转换条件		AG AY AR	BG BY BR	C25	C5
A 道绿灯，B 道红灯	S0(0　0)	AK = 1	S1(0　1)	1 0 0	0 0 1	1	0
A 道黄灯，B 道红灯	S1(0　1)	T5 = 1	S2 (1　0)	0 1 0	0 0 1	0	1
A 道红灯，B 道绿灯	S2 (1　0)	BK = 1	S3 (1　1)	0 0 1	1 0 0	1	0
A 道红灯，B 道黄灯	S3 (1　1)	T5 = 1	S0 (0　0)	0 0 1	0 1 0	0	1

第 3 章 时序逻辑电路

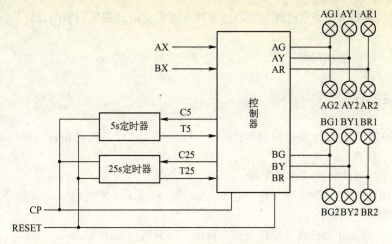

图 3-9　交通红绿灯结构图

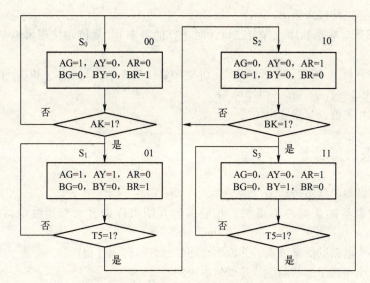

图 3-10　交通红绿灯控制器的算法流程图

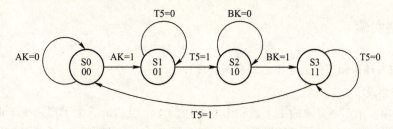

图 3-11　交通红绿灯控制器的状态转换图

3.4.4　实验预习

（1）复习实验内容的相关原理。

（2）根据实验要求构思自己的实验电路结构（考虑定时器和控制器的设计），并尝试编写相关代码。

（3）复习 VHDL 层次化设计方法。

3.4.5 实验过程

（1）用 VHDL 编程设计实现控制器模块、5s 定时器、25s 定时器模块。用 QuartusⅡ对各个模块进行编译、仿真。

其中，控制器模块要用状态机实现。

（2）用 PORT MAP 语句将模块连接起来，如图 3-8 所示。使用 QuartusⅡ编译、仿真、下载到实验箱的可编程逻辑器件上。

提示：在 QuartusⅡ中可以查看状态机，具体方法为执行 tools -> netlist viewers -> RTL viewer 找到状态机，双击即可。

（3）在实验箱连接输入输出。

输入：clk 接固定频率脉冲源（自己设计时选择的频率）、复位端接逻辑电平区的拨动开关（任意选择一个）。

输出：接 LED 灯（AG1、AY1、AR1 分别与 AG2、AY2、AR2 一样，BG1、BY1、BR1 分别与 BG2、BY2、BR2 一样，各接一组即可）。

（4）给输入相关值，观察输出结果。

3.4.6 实验报告与思考

（1）给出控制器的状态转移图。

（2）给出控制器的仿真波形截图，并根据仿真结果详细分析交通红绿灯控制器的工作过程。

（3）给出整个电路的仿真波形，并说明交通红绿灯的转换过程。

（4）在设计中遇到了哪些问题，是如何解决的？

（5）想一想：本电路还可以扩展哪些功能？

3.4.7 扩展实验

1. 包含左右转弯和直行的十字路口交通灯设计

（1）实验要求

十字路口由一条东西方向的主干道和南北方向的支干道构成。主干道和支干道均有控制左拐、直行、右拐的三组信号灯（每组都能进行红、黄、绿的交替变换）。信号灯按如下规律进行转换：

① 初始状态：主干道的左拐为绿灯亮，直行为红灯亮。支干道的左拐与直行均为红灯亮。

② 四个方向的右拐绿灯常亮，绿灯变红灯过程中，先由绿灯变为黄灯 5 s 后再由黄灯变红灯。

③ 当两车道均有车时，先由主干道左拐为绿灯，直行为红灯，30s 后左拐由绿灯变为红灯，

同时直行由红灯变为绿灯。再有30s后由支干道开始进行相同的变换,即主干道与支干道每隔60s交替变换一次。

④ 当一条干道上有车时,具体情况如下:

若该方向原来左拐为绿灯,直行为红灯(或者该方向原来左拐为红灯,直行为绿灯),则该方向的左拐与直行进行红绿灯交替。

若该方向原来左拐为红灯,直行为红灯,则该方向的左拐由红灯变绿灯,直行依旧为红灯亮。

⑤ 当两条干道均无车时,保持主干道的左拐为绿灯亮,直行为红灯亮。支干道的左拐与直行均为红灯亮。

(2) 设计思路

根据上述功能描述,确定采用如下方案:

在东西、南北方向各装1个车辆传感器,有车用1表示,无车用0表示。主干道(A道)的传感器为AX,支干道(B道)的传感器为BX,有车用1表示,无车用0表示。

设绿灯25s时间到,此时T25=1,时间未到时T25=0;25s定时器由二十五进制计数器构成,C25是控制信号。设黄灯5s时间到,此时T5=1,时间未到时T5=0;5s定时器由五进制计数器构成,C5是控制信号。

设主干道左拐的绿灯、黄灯、红灯分别为A1G、A1Y、A1R,直行的绿灯、黄灯、红灯分别为A2G、A2Y、A2R,右拐的绿灯为A3G;设支干道左拐的绿灯、黄灯、红灯分别为B1G、B1Y、B1R,直行的绿灯、黄灯、红灯分别为B2G、B2Y、B2R,右拐的绿灯为B3G。用0表示灯灭,1表示灯亮。

根据实验要求和设计方案,进行需求分析,划分模块,抽象出控制器实现所需要的状态,画出ASM图。

(3) 控制器及其他模块的实现

利用ASM图,编写控制器代码。编写所需要的计数器代码。

(4) 实现方案的选择

本实验可有多种实现方案。方案一,每个子模块由VHDL语言描述实现,顶层电路的连接关系也采用VHDL语言描述实现,对子模块的调用采用模块元件例化的方法。方案二,先将电路划分为几个子模块,每个子模块由VHDL语言描述实现,然后生成逻辑符号,顶层文件采用图形文件来实现。

(5) 输入、输出信号

① 输入信号:

时钟信号clk;

复位信号reset。

② 输出信号:

A1G A1Y A1R A2G A2Y A2R A3G B1G B1Y B1R B2G B2Y B2R B3G

2. 较复杂的十字路口交通灯设计

根据实际应用,可以设计可控红黄绿灯时间的十字路口交通灯系统,系统能根据路况和行人流量等实际情况,控制红黄绿灯的点亮时间。还可以设计具有人工放行功能的十字路口交通灯系统。

第4章 数字逻辑综合课程设计

课程设计一般要完成一项涉及本课程主要内容的综合性、应用性的开发题目，它是接近或模拟实际应用的一种实践形式，其目的是进一步深化理论知识、强化实际动手能力、培养学生创新意识。本课程的课程设计通过设计和调试一个小型的数字系统或计算机的控制部件等，培养学生基于可编程逻辑器件实现各种数字系统的综合运用能力；培养自我发现问题、分析问题、解决问题的能力；培养应用课程知识的能力和团队协作的能力。

4.1 课程设计要求

学生可以选择本书中给的参考题目，也可以根据身边的问题确定要设计的内容，经教师审核通过后，拟定题目，并进行需求分析，经历原理分析、总体设计、模块设计、编程、调试等步骤，最终完成整个课程设计。

完成设计后，学生要通过教师验收，验收内容包括回答教师的提问，对设计内容进行陈述等，最后提交设计的完整电路和代码、设计报告等。

4.1.1 课程设计内容

课程设计内容：实现小型数字系统或计算机的控制部件。学生可根据课程设计要求自行选择设计内容（不限于书本范围）。

一个完整的数字系统由输入模块、输出模块、存储模块、处理模块和控制模块几大部件组成，其结构如图4-1所示[20]。

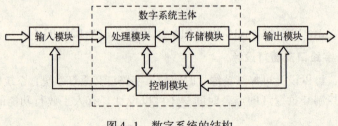

图4-1 数字系统的结构

其中，处理模块提供完成数据处理的规则集，决定数字系统能够完成哪些操作，至于什么时候完成何种操作则完全取决于控制模块发出的控制信号。控制模块是数字系统的核心，有无控制器是区分数字系统与逻辑部件的重要标志。凡是有控制器且能按照一定的时序进行数据传输、加工处理和存储的，不论规模大小，均称为数字系统；凡是不包含控制器，不能按照一定的时序操作，不能独立完成数据的传输、处理、存储的，不论规模多大，均不能作为一个独立的数字系统，只能作为一个完成某一特定任务的逻辑部件[20]。

4.1.2　课程设计过程

进行课程设计之前要写出设计任务书，任务书要对设计任务进行较详细的描述。整个课程设计经历需求分析、完整设计、具体实现和仿真测试等阶段。

（1）需求分析。本阶段的任务是明确本次课程设计具体做什么，设计完成的系统应具有什么功能，最终的测试结果应该是什么样的，如果涉及相关参数和指标，还要较详细地给出结果应达到的指标和参数值等。

（2）完整设计。本阶段要在明确需求分析的基础上进行系统设计，这是整个课程设计过程中很关键的一步，设计好坏直接关系到最终的设计结果是否达标。

设计时，要按照系统的构成逐层地进行模块划分。首先，按照输入模块、输出模块、存储模块、处理模块和控制模块几大部件进行粗略的模块划分。其中，输入模块和输出模块负责对输入或输出数据进行处理，存储模块用于完成相关信息的存储，处理模块按照具体规则对各种数据进行加工，控制模块是整个数字系统的核心，发出控制信号控制整个数字系统正常工作。然后，对功能复杂的模块再次进行模块划分，直到划分的模块可以用典型的数字电路实现为止。

（3）具体实现。根据设计结果，用 VHDL 编程实现每一个模块，并利用元件例化语句（或原理图方式）连接各模块，最终形成整个系统。

（4）仿真测试。本阶段的主要任务是检验所设计系统的各项指标是否达到预定要求。课程设计所实现的系统比基本实验要复杂得多，在调试过程中要注意如下几点：

① 按照自底向上的顺序进行调试。根据系统的模块划分，先调试底层模块，再向上调试上一层模块，直到最终完成整个系统的调试。

② 仿真数据的选择要典型、全面。仿真时，输入数据的选择要尽量涵盖各种可能情况。

③ 测试时发现错误可以结合第 1 章实验中常见问题及解决，按照从底层到顶层，由模块内部到模块外部的顺序，查找错误原因并解决。

4.2　课程设计举例

4.2.1　霓虹灯显示系统的设计

1. 任务描述

实现一个霓虹灯显示系统，系统能更换或更新霓虹灯的显示模式，并根据需要选择某一显示模式控制各路灯光的明暗。

2. 需求分析

霓虹灯因灯光的不断变换而具有华丽的显示效果，它的灯光变化是由各路灯光定期改变亮暗形成的，显示模式即用于控制各路灯光在不同时期的亮暗形式。霓虹灯显示系统不仅可以实现不同显示模式的选择切换，而且可以进行显示模式更新，系统的核心是霓虹灯控制器。霓虹灯控制器负责发出各种控制信号，控制存储不同显示模式，控制读取某一种显示模式。

本设计要求模拟实现一个霓虹灯显示系统。系统能更新显示模式，并根据需要选择不同的显示模式，在显示模式的控制下，控制各路灯光的亮暗，最终通过实验箱的 LED 显示各路灯光的亮暗，通过输入按钮（或开关）选择显示模式，输入显示模式，选择整个系统的启动、停止、加速、减速等。

3. 设计步骤

按照自顶向下的设计思路，设计者要按照如下步骤完成设计。

（1）明确整个系统的功能和性能指标，确定系统的输入/输出。

（2）根据数字系统的一般构成（输入模块、输出模块、控制模块、处理模块、存储模块）对系统进行大模块划分。有些系统具有完整的五个大模块，有些只有五个大模块中的几个。

（3）对大模块进行分解。将大模块分解为规模较小、功能较为简单的局部模块。分解时要确定各局部模块之间的关系。

（4）模块划分的不断进行。对局部模块不断进行划分，直至划分得到的单元可以用具体的逻辑器件实现为止。

霓虹灯显示系统的设计过程如下。

（1）系统能选择工作状态（包括显示模式选择、显示模式输入、启动、停止、加速、减速等），根据工作状态实现对应功能。显示模式选择能从存储器中选择某一显示模式，并将此显示模式输出，输出可通过实验箱的 LED 观察。显示模式输入可以输入新的显示模式，并存储于存储器中。启动时，输出信息能完成自左向右或自右向左的移动。停止状态时，输出信息停止移动。加速和减速工作状态控制输出信息加速或减速移动。

系统输入为时钟脉冲（接实验箱的时钟脉冲端）、工作状态选择端（接实验箱开关，3 位二进制信息，编码表示 6 种工作状态）、显示模式输入端（接实验箱开关，12 位二进制信息）。输出为某一显示模式的二进制信息（接实验箱 LED 指示灯区，12 位二进制信息）。系统的输入/输出如图 4-2 所示。

（2）为实现前述功能，系统应具有输入模块、输出模块、存储模块、处理模块和控制模块。具体的模块划分如图 4-3 所示。各模块的功能如下。

① 输入模块实现对输入信号的处理。遍历系统的输入信息，时钟信号是需要处理的信号，需要将实验箱的高频脉冲输入变换为低频脉冲信号。

② 输出模块处理输出信号。根据功能要求，输出信号要具有移动效果，需要输出模块完成，考虑可以使用移位寄存器实现。

③ 存储模块负责存储显示模式。存储模块考虑用一个小型的存储器（RAM）实现，系统的输入的显示模式能存储于存储器的某一单元中。

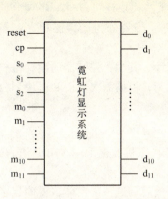

图 4-2 霓虹灯显示系统的输入/输出

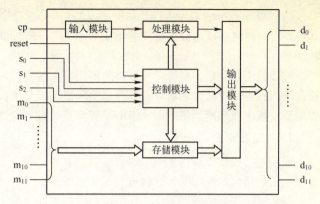

图 4-3 霓虹灯显示系统的模块划分 1

④ 处理模块按照一定规则，对某些信号进行处理。系统最终要实现加速/减速的功能，考虑用处理模块通过对时钟信号的处理，达到相应效果。

⑤ 控制模块完成整体控制。根据用户要求，发出控制信号，控制各模块协调工作，实现既定功能。

（3）对大模块进一步划分，得到较小模块。

输入模块用一个分频器实现，将实验箱的某一高频输入转化为低频输出，低频用于控制霓虹灯显示的加速移动。

输出模块用移位寄存器实现，可以实现霓虹灯显示的显示、左移、右移等功能。

处理模块被进一步分为两个分频器和一个数据选择器。处理模块要对 1Hz 的脉冲进一步分频，分频结果分别用于控制霓虹灯显示的常速及减速移动。根据用户输入，选择常速、加速及减速三个模式对应的某一脉冲信号，送给移位寄存器（输出模块），接入其脉冲输入端。

存储模块需要包含存储器（RAM）及地址寄存器。存储器（RAM）用于存储显示模式，根据系统规模的大小，确定系统使用的存储器容量。地址寄存器用于指示当前要读出（或写入）的存储器地址，由控制器决定地址的归零、加1等操作。

控制模块根据用户输入信息，发出控制信号，控制处理模块、存储模块及输出模块完成相应工作。

根据上述描述，系统的进一步模块划分如图 4-4 所示。

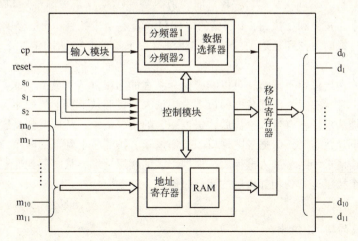

图 4-4 霓虹灯显示系统的模块划分 2

（4）模块划分的不断进行。根据第（3）步的划分结果，某些模块还可以进一步划分，比如地址寄存器模块，既可以用带使能端的计数器实现，也可以进一步划分为运算器和寄存器两个模块。

完成模块划分后，根据实现器件的不同特点，完成对应设计。其中，控制器的设计是整个系统设计的核心。设计控制器时，要根据实际情况抽象出控制状态，根据需求分析和模块划分画出控制器的算法流程图，最后用 VHDL 编程完成设计。

4. 实现及调试

底层各个模块都采用 VHDL 编程实现。其中，控制器基于状态机，也采用 VHDL 语言实现。各模块的连接可以使用图形编辑方式完成。

调试时，先调试底层器件，保证所有模块均能准确工作，最后调试顶层实体，要确保考虑到各种情况。

5. 观察结果

将电路下载到可编程逻辑器件上，连接输入/输出，观察最终结果。

4.2.2 电梯模拟系统的设计

1. 任务描述

模拟设计一个 6 层电梯系统，系统能根据每个楼层的上（下）请求及电梯内的请求，完成自动升降，以实现搭载服务。根据电梯工作的实际，设计要遵循方向优先原则，即当电梯处于上升状态时，只响应比电梯所在位置高的上楼请求信号，自下而上地逐个执行，直到最后一个上楼请求执行完毕，若此时更高层有下楼请求，则直接上升到有下楼请求的最高层接客，并进入下降模式。电梯处于下降模式时，与上升模式相反，即只响应比电梯所在位置低的下楼请求信号，自上而下地逐个执行，直到最后一个下楼请求执行完毕，若此时更低层有上楼请求，则直接下降到有上楼请求的最低层接客，并进入上升模式。

2. 需求分析

电梯内和每一楼层电梯口处各有一个显示电梯所在楼层的数码管和一个显示电梯上升（或下降）状态的信号灯，当到达某一目标楼层时，数码管能闪烁显示当前的楼层号。2~6 层的电梯口处有各有一个↑按钮和↓按钮，1 层楼的电梯口只有一个↑按钮，6 层楼的电梯口只有一个↓按钮。电梯内有提前关门和延迟关门按钮，在没有按下这两个按钮的情况下，电梯门打开 3s 后会自动关闭。

当电梯在某一楼层停留不动时，可以响应任一乘客的上楼（或下楼）请求。

当电梯处于上升状态时，依据各电梯口↑按钮请求，按照从下到上的顺序，依次响应比当前电梯位置高的上楼请求。乘客进入电梯后，根据乘客的楼层请求，从低层到高层依次响应。

当电梯处于下降状态时，依据各电梯口↓按钮请求，按照从上到下的顺序，依次响应比当前电梯位置低的下楼请求。乘客进入电梯后，根据乘客的楼层请求，从高层到低层依次响应。

设电梯从一个楼层运行到相邻楼层的运行时间为 2s。

3. 设计步骤

1）确定系统的输入/输出

输入信号：复位信号。

时钟信号。

电梯口处共 5 个↑按钮和 5 个↓按钮,用于发出上行或下行的呼叫请求。

电梯内部有 6 个楼层选择按钮、1 个延迟关门和 1 个提前关门按钮。

输出信号:电梯上行显示和下行显示。

电梯当前所处楼层由数码管显示。

输入/输出信号如图 4-5 所示。

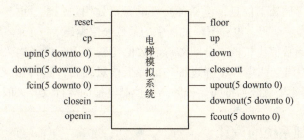

图 4-5 电梯模拟系统的输入/输出

2)模块划分

按照自顶向下的设计方法,首先进行大模块划分,如图 4-6 所示。图中,各模块的基本功能如下。

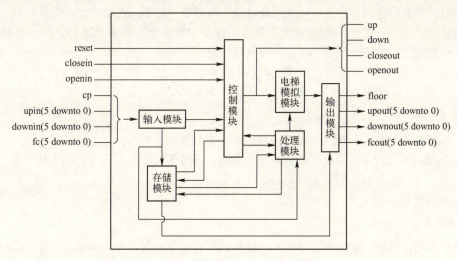

图 4-6 电梯模拟系统的大模块划分

(1)输入模块:对输入脉冲进行基本分频,送入控制模块和处理模块。对输入信号 upin(5 downto 0)(各楼层电梯口的上升按钮)、downin(5 downto 0)(各楼层电梯口的下降按钮)、fcin(5 downto 0)(电梯内部的楼层选择按钮)进行处理,处理后的结果送入存储模块。

(2)存储模块:存储用户的各种请求信息,并将请求信息按时送入控制模块。

(3)控制模块:从存储模块获取用户的历史请求信息,发出对应的控制信号,分别控制存储模块、处理模块、电梯模拟模块等的工作。

(4)处理模块:对基本分频的时钟信号进一步分频,分频结果作为电梯运行、开关门的时钟输入。对存储及输入的数据进行处理,处理后的结果送入控制模块或存储模块。

(5)电梯模拟模块:用一个计数器模拟电梯的上下行工作。

（6）输出模块：对电梯输出楼层的二进制代码进行变换，输出 7 位信号，控制数码管显示。从存储模块中获取各楼层电梯口处用户的上升和下降请求及电梯内部的楼层选择信息，处理后显示。

根据各模块所应具备的功能，要对大模块进一步划分。具体划分如下。

（1）输入模块被划分为分频器和编码器。分频器用于对输入脉冲分频。编码器对输入的 up-in、downin 及 fcin 等信号进行编码，得到新请求楼层编码。

（2）存储模块要存储若干信息，包括各楼层电梯口处用户请求、电梯内部的楼层选择、电梯上升过程中的最高楼层编码、电梯下降过程中的最低楼层编码。

（3）处理模块包括数值比较器、分频器等。数值比较器用于将新输入的请求编码与电梯上升过程中的最高楼层编码（或电梯下降过程中的最低楼层编码）进行比较，以决定是否继续上升（或下降）。分频器用于对脉冲分频，分频结果控制电梯的运行及开关门。

4.2.3 洗衣机控制系统的设计

1. 设计任务

洗衣机有注水、洗涤、排水、脱水和漂洗等功能，每个功能均有对应的显示灯，运行在某种工作状态时，其对应显示灯一直亮，直到此功能工作结束。其中，注水功能提供低、中、高三个水位等级供用户选择；洗涤功能有弱洗、普通、强洗三个洗涤等级可供选择。注水、洗涤、排水、脱水、漂洗状态的转变分别由各自的使能端控制。

系统有六个工作模式。其中，模式 1 = 洗涤 + 漂洗 + 脱水，模式 2 = 洗涤 + 漂洗，模式 3 = 漂洗 + 脱水，模式 4 = 洗涤，模式 5 = 漂洗，模式 6 = 脱水。

2. 需求分析

（1）系统所有操作均有统一的时钟信号、统一的复位端。
（2）系统设有暂停端；当处于某一工作状态时，若按下暂停端，则停在此工作状态。
（3）在当前的运行状态时，有数码显示当前剩余时间。
（4）所有操作完成之后，有响铃提示。

3. 设计方案

该系统由输入模块、控制模块和输出模块构成。输入模块完成洗涤时间的预置与编码，控制模块完成洗涤时间计时以及对电机运行状态的控制，输出模块完成对电机运行状态的指示。

4.2.4 超市自动存包系统的设计

1. 设计任务

有若干存包柜。按下存包按钮，如果存包柜未显示"满"，则一个空闲箱子的编号显示出来，发出一个打印信号，打印密码条，取出密码条时，对应的箱门打开；否则不进行任何工作。取包时，输入密码信息，如果密码正确则对应的箱门打开；否则不进行任何操作。

2. 需求分析

设自动存包柜有 20 个箱子，系统输入为存包按钮和某一箱子对应的一次性密码信息。输出为某一空闲箱子的编号、其对应的密码信息、对应的箱门打开信号、存包系统"满"的信息。

3. 设计方案

系统大模块包括：输入模块、输出模块、控制模块、存储模块和处理模块。

控制模块输入：Reset（复位端）、clk（时钟沿）、pre（置位端）、input（存入）、output（取出）、full（满）等。

控制模块输出：EN（存入信号）、clr（清零信号）、del（删除信号）等。

4.2.5 汽车尾灯控制系统的设计

1. 设计任务

存在 6 盏汽车尾灯（汽车尾部左、右各 3 盏），用两个开关作为转弯控制信号（一个开关控制右转弯，另一个开关控制左转弯）。

2. 需求分析

当汽车正直向前行驶时，两个开关都未接通，此时 6 盏尾灯全灭。当汽车右转弯时，右转开关接通，此时右边的 3 盏尾灯从左至右顺序亮灭，左边 3 盏灯全灭。当汽车左转弯时，左转开关接通，此时左边的 3 盏尾灯从右至左顺序亮灭，右边 3 盏灯全灭。当汽车处于告警状态时，左、右两个开关同时接通时，6 盏尾灯同时明、暗闪烁。

4.3 参考题目

（1）自动售货机。
（2）停车场收费系统。
（3）多功能电话显示电路。
（4）自动存包系统。
（5）数字钟。
（6）全自动洗衣机控制系统。
（7）图书馆存包柜。
（8）教室照明控制。
（9）微波炉控制系统。

第5章

运算器实验

CPU由运算器和控制器等基本部件组成。运算器接受控制器的命令按照既定的运算规则完成具体的数据加工任务。根据数据通路的不同，运算器的组成也有所不同，一般由算术逻辑单元（ALU）、累加器、状态寄存器、通用寄存器组等组成。

▷▷ 5.1 算术逻辑运算单元（ALU）实验

运算器由多个部件组成，但核心部件是算术逻辑单元（Arithmetic Logical Unit，ALU），它能执行加法和减法等多种算术运算，也能执行"与"、"或"、"非"等多种逻辑运算。

注：如在数字逻辑课程实验中做过ALU的实验，本实验可以不做，直接学习5.2节，以完成运算器构成实验。

5.1.1 实验目的

（1）掌握简单运算器的数据传送通路。
（2）掌握ALU的组成及工作原理。
（3）熟悉ALU的设计方法。

5.1.2 实验要求

根据74LS181的功能用VHDL编辑实现16位字长的ALU。具体要求如下：

（1）参加运算的两个16位数据分别为A[15..0]和B[15..0]，运算模式由S[3..0]的16种组合决定；此外，设M=0，选择算术运算，M=1为逻辑运算，Cn为低位的进位位；F[15..0]为输出结果。

（2）根据运算结果，对输出标志位赋值。其中，FZ是运算结果为零的输出标志位，FC是运算结果是否有进位/借位的输出标志位。

5.1.3 实验原理

算术逻辑部件的主要功能是对二进制数据进行定点算术运算、逻辑运算和各种移位操作。算术运算包括定点加减乘除运算；逻辑运算主要有逻辑与、逻辑或、逻辑异或和逻辑非操作。ALU 通常有两个数据输入端（A 和 B）、一个数据输出端 Y 以及标志位等。

20 世纪 80 年代，计算机中的算术逻辑单元有许多是用现成的算术逻辑器件连接起来构成的，如 74181 和 Am2901 等都是著名的算术逻辑器件。使用这些 4 位的算术逻辑器件，能够构成 8 位、16 位等长度的算术逻辑单元。现在，由于超大规模器件的广泛应用，使用这种方法构成算术逻辑单元已经不多见，代之以直接用硬件描述语言设计算术逻辑单元。

74181 是一种典型的 4 位 ALU 器件。图 5-1 是 74181 的电路图。

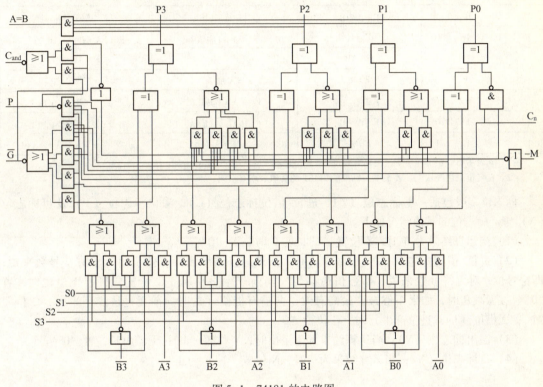

图 5-1 74181 的电路图

74181 的运算功能表如表 5-1 所示：

表 5-1 74181 的运算功能表

选择端				高电平作用数据		
S3	S2	S1	S0	M = H	M = L 算术操作	
				逻辑功能	Cn = L（无进位）	Cn = H（有进位）
0	0	0	0	F = $\overline{A}$	F = A	F = A 加 1
0	0	0	1	F = $\overline{A+B}$	F = A + B	F = (A + B) 加 1
0	0	1	0	F = $\overline{A}B$	F = A + $\overline{B}$	F = A + $\overline{B}$ + 1
0	0	1	1	F = 0	F = 减 1(2 的补码)	F = 0
0	1	0	0	F = $\overline{AB}$	F = A 加 A$\overline{B}$	F = A 加 A$\overline{B}$ 加 1
0	1	0	1	F = $\overline{B}$	F = (A + B) 加 A$\overline{B}$	F = (A + B) 加 A$\overline{B}$ + 1

47

续表

选择端				高电平作用数据		
				M = H	M = L 算术操作	
S3	S2	S1	S0	逻辑功能	Cn = L(无进位)	Cn = H(有进位)
0	1	1	0	F = A⊕B	F = A 减 B	F = A 减 B 减 1
0	1	1	1	F = A$\overline{B}$	F = A + $\overline{B}$	F = (A + $\overline{B}$) 减 -
1	0	0	0	F = $\overline{A}$ + B	F = A 加 AB	F = A 加 AB 加 1
1	0	0	1	F = $\overline{A⊕B}$	F = A 加 B	F = A 加 B 加 1
1	0	1	0	F = B	F(A + $\overline{B}$) 加 AB	F = (A + $\overline{B}$) 加 AB 加 1
1	0	1	1	F = AB	F = AB	F = AB 减 1
1	1	0	0	F = 1	F = A 加 A*	F = A 加 A 加 1
1	1	0	1	F = A + $\overline{B}$	F = (A + B) 加 A	F = (A + B) 加 A 加 1
1	1	1	0	F = A + B	F = (A + $\overline{B}$) 加 A	F = (A + $\overline{B}$) 加 A 加 1
1	1	1	1	F = A	F = A	F = A 减 1

注1：*表示每一位都移至下一更高有效位，"+"是逻辑或，"加"是算术加。

注2：在借位减法表达上，表5-1与标准的74181的真值表略有不同。

标志位一般包括：零标志位（Z）、进位/借位标志位（C）、溢出标志位（V）及负标志位（N）等。标志位的赋值情况如下。

（1）当运算结果为 0 时，Z 位置"1"；非 0 时，置"0"。

（2）进位/借位标志（C）：在做加法时，如果运算结果最高有效位（对于有符号数来说，即符号位；对无符号数来说，即数值最高位）向前产生进位时，C 位置"1"；无进位时，置"0"。在做减法时，如果不够减，最高有效位向前有借位（这时向前无进位产生）时，C 位置"1"；无借位（即有进位产生）时，C 位置"0"。

（3）溢出标志位（V）：当运算结果发生溢出时，V 位置"1"；无溢出时，置"0"。

（4）负标志位（N）：当运算结果为负时，N 位置"1"；为正时，置"0"。

5.1.4 实验预习

（1）理解并熟悉 ALU 的功能特点。
（2）熟悉 VHDL 的 CASE 语句及进程的使用。
（3）了解 Quartus Ⅱ 里的 RTL 阅读器。

5.1.5 实验过程及结果分析

（1）按实验要求，用 VHDL 编程实现 ALU。
（2）用 Quartus Ⅱ 编译，仿真。

5.1.6 实验报告及思考题

（1）在设计中遇到什么问题？是怎么解决的？

(2) 分析 ALU 功能仿真波形。

(3) 如何判断加减运算结果的正负及溢出?

5.1.7 扩展实验及思考

1. 下载并观察实验结果

(1) 打开 Quartus→tools→programmer,将 ALU.pof 下载到 FPGA 中。

(2) 观察实验结果。

2. 以加法器为核心,用逻辑器件设计 ALU

例:某 ALU 能实现带符号加法、带符号减法、无符号加法、无符号减法、与、或、输出 B、输出 B 这 8 种运算。用逻辑器件实现,实现图如图 5-2 所示。

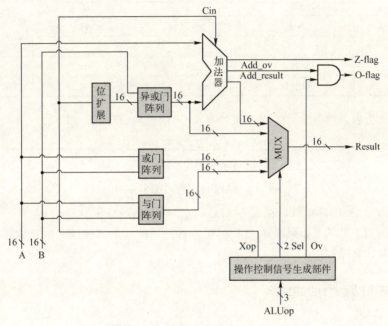

图 5-2 ALU 的逻辑实现图

从实现图可以看出,以加法器为核心,利用异或门阵列、或门阵列、与门阵列、4 路的多路选择器、与门、位扩展逻辑及操作控制信号生成部件可以构成能实现 8 种运算的 ALU。图中,操作控制信号生成部件的构成未知,其输入为 3 位的 ALUop,输出为 1 位的 Xop、1 位的 Ov 和 2 位的 Sel。Xop 的值决定了是 "1111111111111111" 与 B 异或,还是 "0000000000000000" 与 B 异或。Ov 控制是否将加法器的溢出结果输出。Sel 控制多路选择器的输出,根据 Sel 的编码,选择一个输入/输出,具体情况如表 5-2 所示。

表 5-2 Sel 各编码对应的功能

Sel 编码	功 能
00	选择加法器的结果输出
01	选择异或门阵列的结果输出

续表

Sel 编码	功　　能
10	选择或门阵列的结果输出
11	选择与门阵列的结果输出

得到操作控制信号生成部件的控制逻辑，画出逻辑真值表，如表 5-3 所示。

表 5-3　操作控制信号生成逻辑真值表

ALUop[2..0]	操作类型	Xop	Sel[1..0]	Ov
000	Addu	0	00	0
001	Subu	1	00	0
010	Add	0	00	1
011	Sub	1	00	1
100	And	×	11	0
101	Or	×	10	0
110	输出 B	0	01	0
111	输出 B	1	01	0

根据逻辑真值表，得到输出信号 Xop、Sel 及 Ov 的逻辑表达式，如下。

$$Ov = \overline{ALUop[2]} \cdot ALUop[1]$$

$$Xop = ALUop[0]$$

$$Sel[1] = ALUop[2] \cdot \overline{ALUop[1]}$$

$$Sel[0] = ALUop[2] \cdot \overline{ALUop[0]} + \overline{ALUop[2]} \cdot ALUop[1]$$

根据上述的例子，考虑如果增加 ALU 的运算种类，比如增加比较大小等运算，ALU 的逻辑器件构成应该是什么样的？

▷▷ 5.2　运算器构成实验

根据寄存器组的设置不同，运算器的组织有如下三种形式。
（1）具有多路选择器的运算器，如图 5-3 所示。

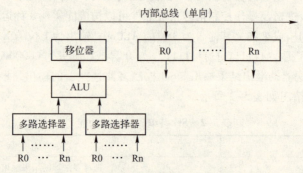

图 5-3　具有多路选择器的运算器框图

（2）具有输入锁存器的运算器，如图 5-4 所示。
（3）位片式运算器，如图 5-5 所示。

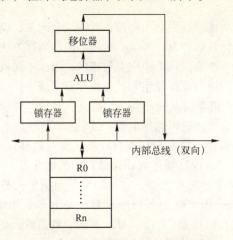

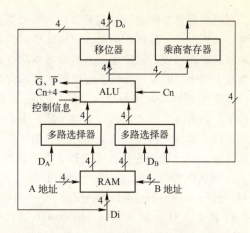

图 5-4　具有输入锁存器的运算器框图　　　图 5-5　位片式运算器框图

5.2.1　实验目的

（1）加深对运算器组织的理解。
（2）熟悉 VHDL 文本描述和原理图混合输入的设计方法。
（3）掌握运算器的设计。

5.2.2　实验要求

（1）用 VHDL 设计 16×16 的双端口寄存器组，并将其转换为原理图元件。
（2）利用 5.1 节实验设计完成的 ALU，根据图 5-6 所示原理图构成简单运算器。其中，MUX 为二选一的数据选择器。Write_reg、Sel1、Sel2、ALU_operation 为控制信号，分别控制写入寄存器、选择参与运算的两个操作数及选择 ALU 所执行的操作。

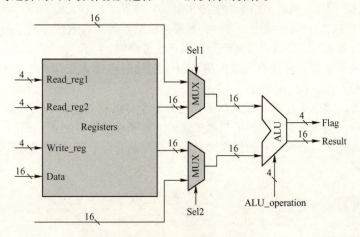

图 5-6　简单运算器组成框图

5.2.3 实验原理

计算机中运算器需要具有完成多种运算操作的功能，因而必须将各种算法综合起来，设计一个完整的运算部件。运算器的组成取决于整机的设计思想和设计要求，采用不同的运算方法将导致不同的运算器组成。但由于运算器的基本功能是一样的，其算法也大致相同，因而不同机器的运算器是大同小异的。运算器主要由算术逻辑部件、通用寄存器组和状态寄存器组成。

（1）算术逻辑部件（ALU）。ALU 主要完成对二进制信息的定点算术运算、逻辑运算和各种移位操作。算术运算主要包括定点加、减、乘和除运算。逻辑运算主要有逻辑与、逻辑或、逻辑异或和逻辑非操作。移位操作主要完成逻辑左移和右移、算术左移和右移及其他一些移位操作。某些机器中，ALU 还要完成数值比较、变更数值符号、计算操作数在存储器中的地址等。可见，ALU 是一种功能较强的组合逻辑电路，有时被称为多功能发生器，它是运算器组成中的核心部件。ALU 能处理的数据位数（即字长）与机器有关。如 Z80 单板机中，ALU 是 8 位；IBM PC/XT 和 AT 机中，ALU 为 16 位；386 和 486 微机中，ALU 是 32 位。ALU 有两个数据输入端和一个数据输出端，输入/输出的数据宽度（即位数）与 ALU 处理的数据宽度相同。

（2）通用寄存器组。近期设计的机器的运算器都有一组通用寄存器。它主要用来保存参加运算的操作数和运算的结果。早期的机器只设计一个寄存器，用来存放操作数、操作结果和执行移位操作，由于可用于存放重复累加的数据，所以常称为累加器。通用寄存器均可以作为累加器使用。通用寄存器的数据存取速度是非常快的。如果 ALU 的两个操作数都来自寄存器，则可以极大地提高运算速度。

通用寄存器同时可以兼做专用寄存器，包括用于计算操作数的地址（用来提供操作数的形式地址，据此形成有效地址再去访问主存单元）。例如，可作为变址寄存器、程序计数器（PC）、堆栈指示器（SP）等。必须注意的是，不同的机器对这组寄存器使用的情况和设置的个数是不相同的。

（3）状态寄存器。状态寄存器用来记录算术、逻辑运算或测试操作的结果状态。程序设计中，这些状态通常作为条件转移指令的判断条件，所以又称为条件码寄存器。一般均设置如下几种状态位。

① 零标志位（Z）：当运算结果为 0 时，Z 位置"1"；非 0 时，置"0"。
② 负标志位（N）：当运算结果为负时，N 位置"1"；为正时，置"0"。
③ 溢出标志位（V）：当运算结果发生溢出时，V 位置"1"；无溢出时，置"0"。
④ 进位或借位标志（C）：在做加法时，如果运算结果最高有效位（对于有符号数来说，即符号位；对无符号数来说，即数值最高位）向前产生进位时，C 位置"1"；无进位时，置"0"。在做减法时，如果不够减，最高有效位向前有借位（这时向前无进位产生）时，C 位置"1"；无借位（即有进位产生）时，C 位置"0"。

除上述状态外，状态寄存器还常设有保存有关中断和机器工作状态（用户态或核心态）等信息的一些标志位（应当说明，不同的机器规定的内容和标志符号不完全相同），以便及时反映机器运行程序的工作状态，所以有的机器称它为"程序状态字"或"处理机状态字"（Processor Status Word，PSW）。

5.2.4 实验预习

（1）熟悉运算器的构成。

(2) 熟悉寄存器组的功能及设计过程。

(3) 了解 VHDL 文本描述和原理图混合输入的设计方法。

5.2.5 实验过程及结果分析

(1) 在 Quartus Ⅱ 下实现寄存器组。

① 创建工程。

② 新建 VHDL 文件。

③ 编译、仿真、观察仿真结果。

④ 将其转换为原理图文件。

(2) 在 Quartus Ⅱ 下实现二选一的数据选择器,并转化为原理图文件。

(3) 完成运算器的设计。

① 将 5.1 节设计的 ALU 转换为原理图文件。

② 建立工程。

③ 在原理图编辑窗口调入前面已经转换好的寄存器组、数据选择器和 ALU。

④ 按照图 5-6 将各器件连接起来,并保存。

⑤ 仿真,观察结果。

5.2.6 实验报告及思考题

(1) 分析运算器的仿真结果。

(2) 总结 VHDL 文本描述与原理图混合输入的设计方法。

(3) 思考:Write_reg、Sel1、Sel2、ALU_operation 这些控制信号应该由什么器件发出?根据什么发出的这些控制信号?

(4) 思考:如何运用本次设计的运算器完成浮点运算?

5.2.7 扩展实验

如果 ALU 的输入逻辑是锁存器,则运算器的原理图应怎么绘制?具体怎么实现?

第6章

控制器的设计

控制器是计算机的指挥中心,负责决定执行程序的顺序,给出执行指令时机器各部件需要的操作控制命令。它由程序计数器、指令寄存器、指令译码器、时序产生器和操作控制器等器件组成,是发布命令的"决策机构",即完成协调和指挥整个计算机系统的操作。控制器的主要功能为:

(1) 从内存中取出一条指令,并指出下一条指令在内存中的位置。
(2) 对指令进行译码或测试,并产生相应的操作控制信号,以便启动规定的动作。
(3) 指挥并控制 CPU、内存和输入/输出设备之间数据流动的方向。

▷▷ 6.1 组合逻辑控制器实验

组合逻辑控制器又称为硬布线控制器,是早期设计计算机的一种方法。这种控制器中的控制信号直接由各种类型的逻辑门和触发器等构成。这样,一旦控制部件构成后,除非重新设计和物理上对它重新布线,否则要想增加新的功能是不可能的。结构上的这种缺陷使得硬布线控制器的设计和调试变得非常复杂而且代价很大。所以,硬布线控制器被微程序控制器所取代。但是随着新一代机器及 VLSI 技术的发展,这种控制器又得到了重视,如 RISC 机广泛使用这种控制器。

6.1.1 实验目的

(1) 理解组合逻辑控制器的控制原理。
(2) 进一步掌握指令流程和微命令序列的概念。
(3) 了解并掌握组合逻辑控制器的设计过程和方法。

6.1.2 实验内容与要求

模型机控制器的设计与其数据通路息息相关,而数据通路的构建受到模型机指令系统的约束。本实验要在分析模型机数据通路的基础上,完成组合逻辑控制器的设计。

1. 拟定指令系统

设计一个简单的模型机,其指令格式为一地址指令格式,具体格式如图 6-1 所示。其中,指令字长 8 位，高 3 位为操作码，低 5 位为地址码，采用直接寻址方式。

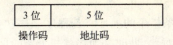

图 6-1 简单模型机的指令格式

模型机设有一个 8 位的累加器 AC。指令系统提供三种操作类型：访存指令、算术逻辑运算指令和顺序控制指令。若指令为单操作数指令，操作数在主存中（指令中的地址码给出了操作数的主存地址），运算结果存放在累加器 AC 中。若指令为双操作数指令，一个操作数隐含约定存放在累加器 AC 中，另一个操作数在主存中（指令中的地址码给出了操作数的主存地址），运算结果存放在累加器 AC 中。表 6-1 列出了指令系统中的五条指令（LOAD、STORE、ADD、SUB、JNZ）的操作情况。

表 6-1 指令操作说明

助 记 符	指令操作码	说 明
LOAD	000	把主存内容读入 AC
STORE	001	把 AC 内容存入主存
ADD	010	主存内容与 AC 相加
SUB	011	主存内容与 AC 相减
JNZ	100	条件转移（Z-flag=0 时转移）
……	……	……

思考：本指令系统最多能实现多少种指令操作？

实验要求：试再设计两种指令操作（如自减 1、逻辑与操作等），按照表 6-1 填写其具体内容。

2. 分析模型机的数据通路

根据指令系统得到简单模型机的模块图如图 6-2 所示。

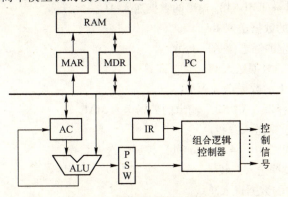

图 6-2 简单模型机的模块图

模型机执行的程序及处理的数据存储于存储器（RAM）中，存储器地址寄存器（MAR）和数据寄存器（MDR）作为地址和数据信号在存储器与总线间的缓冲器。

算术逻辑单元（ALU）能执行算术逻辑运算（ADD、SUB 等）。ALU 的输入是总线和累加器

（AC），运算结果存放在 AC 中，运算产生的标志位（表示 AC 中结果的性质，包括是否为零、是否为负等）存储于程序状态字（PSW）中。

程序计数器（PC）存储下一条指令的地址。若程序顺序执行，需将 PC + 1 的值赋值给 PC；若实现分支，程序就要跳出顺序执行，此时必须加载一个新的地址到 PC 中。

指令寄存器（IR）保存当前指令。

指令操作码和 PSW 的相应位被输入至控制器，以产生相应的控制信号。各执行器件在控制信号的作用下，完成对应的工作。

在模型机模块图的基础上添加上控制信号，得到简单模型机的数据通路，如图 6-3 所示。

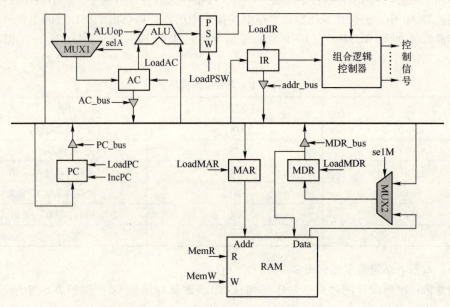

图 6-3　简单模型机的数据通路图

图 6-3 中，各控制信号的含义如下。

LoadAC：数据选择器（MUX1）输出的数据送入 AC。

LoadIR：将总线上的数据送入 IR。

LoadPSW：运算产生的标志位送入 PSW。

LoadPC：将总线上的数据送入 PC。

LoadMAR：将总线上的数据送入 MAR。

LoadMDR：数据选择器（MUX2）输出的数据送入 MAR。

AC_bus：AC 中的数据送入总线。

Addr_bus：地址信息（IR（4 downto 0））扩展后送入总线。

PC_bus：PC 中的数据送入总线。

MDR_bus：MDR 中的数据送入总线。

IncPC：PC 内容自加 1。

ALUop：二进制序列，具体位数由 ALU 能执行的算术逻辑运算种类数决定。比如，若 ALU 能执行 16 种算术运算和 16 种逻辑运算，则 ALUop 为 5 位的二进制序列。假设加法运算为 ALUop = "00000"，减法运算为 ALUop = "00001"。

selA：选择总线数据或者 ALU 的运算结果输出。当 selA 为"01"时，选择总线数据输出；当 selA 为"10"时，选择 ALU 运算结果数据输出。

selM：选择总线数据或者存储器存储数据输出。当 selM 为"01"时，选择总线数据输出；当 selM 为"10"时，选择存储器存储数据输出。

MemR 和 MemW 分别为存储器读/写信号，为'1'时有效，'0'时无效。

另外，组合逻辑控制器和各个寄存器还有时钟信号（clock）输入和复位信号（reset）输入。

实验要求： 分析如图 6-3 所示的数据通路，考虑 7 条指令（包括表 6-1 中给出的 5 条和自行设计的 2 条）在数据通路中的实现。

3. 写出指令流程和微命令序列

根据数据通路和指令系统，可以得到表 6-1 列出的 5 条指令的指令流程和微命令序列，分别如图 6-4 和图 6-5 所示。

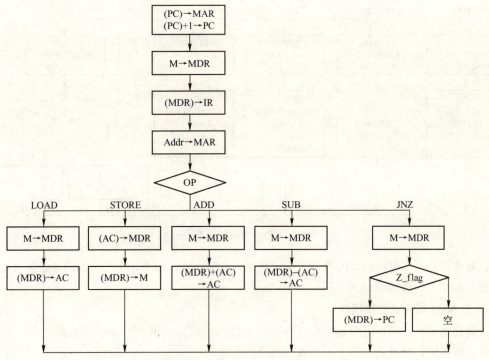

图 6-4 简单模型机的指令流程

由指令流程图可以画出状态转换表，如表 6-2 所示。

表 6-2 状态转换表

指令	状态					
LOAD addr	S0	S1	S2	S3	S6	S7
STORE addr	S0	S1	S2	S3	S4	S5
ADD addr	S0	S1	S2	S3	S6	S8
SUB addr a	S0	S1	S2	S3	S6	S8
JNE addr	S0	S1	S2	S3	S6	S9

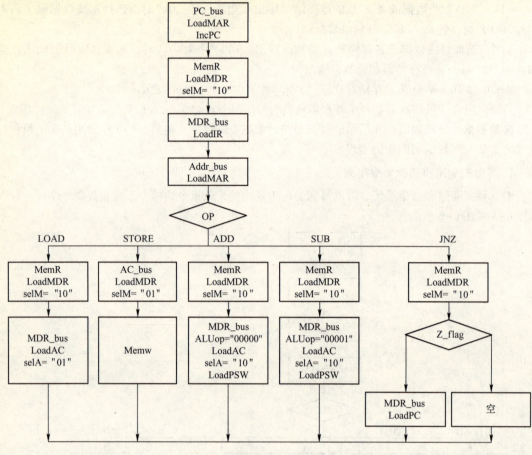

图 6-5 简单模型机的微命令序列

实验要求：分析自行设计的两条指令，写出 7 条指令（包括表 6-1 中给出的 5 条和自行设计的 2 条）的指令流程和微命令序列。

4. 画 ASM 图或状态转换图

根据前面得出的指令流程和微命令序列，可以画出简单模型机控制器（5 条指令）的 ASM 图和状态转换图，ASM 图如图 6-6 所示，指令的状态转换图如图 6-7 所示。

实验要求：在第 3 步的基础上，画出 7 条指令（包括表 6-1 中给出的 5 条和自行设计的 2 条）的 ASM 图或状态转换图。

5. 用状态机实现控制器

实验要求：参考附录 B 中状态机实现的典型代码，用状态机实现该简单模型机的控制器。

6.1.3 实验原理

1. 组合逻辑控制器的组成原理

图 6-8 是组合逻辑控制器的结构框图。

根据组合逻辑控制器的基本原理，可以得出如下关系式。设控制器发出的微命令为 C_i，I_j 是

第6章 控制器的设计

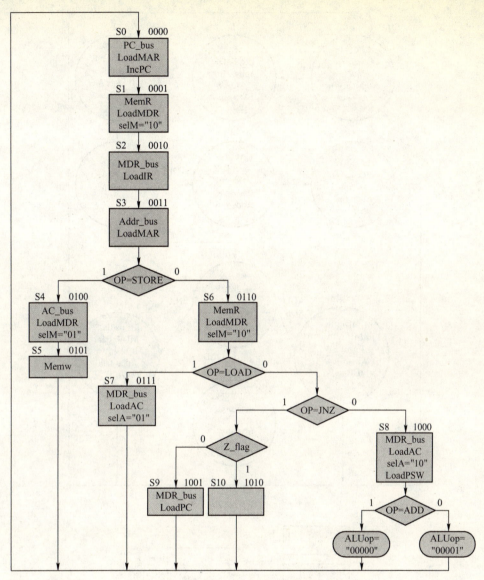

图 6-6 控制器的 ASM 图

指令译码器的输出，T_k 为时序信号，PSW 输出的状态条件信号为 P_n，即

$$C_i = f(I_j, T_k, P_n)$$

可以看出，组合逻辑控制器的设计关键是找出微命令与指令译码输出、时序信号及状态条件信号之间的关系，进而写出关系表达式，根据逻辑表达式，用逻辑门电路或大规模集成电路实现。具体设计步骤如下。

（1）写出指令流程

根据所拟定的指令系统和绘制的数据通路图，写出各指令流程。

（2）安排操作时间表

各指令流程的进一步具体化。最终给出：为执行每一条指令，控制器在各个机器周期的各个时钟节拍所要发出的微命令。

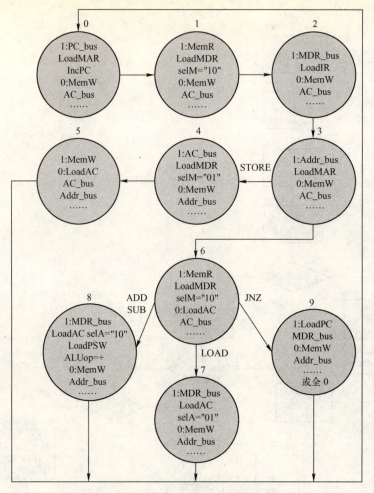

图 6-7 指令的状态转换图

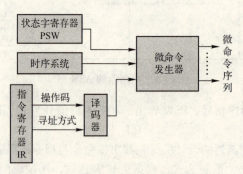

图 6-8 组合逻辑控制器的结构框图

（3）绘制微命令列表

根据操作时间表，给出微命令列表，即给出每个微命令的发出所对应的时序信号和具体指令信息。

（4）进行逻辑综合

遍历操作时间表，得出每个微命令产生的具体条件（时间条件和逻辑条件），列出各微命令产生的逻辑表达式,并加以简化。

(5) 实现电路

根据上面所得逻辑表达式,用逻辑门电路的组合或大规模集成电路来实现。

以实验内容与要求给出的指令系统和数据通路为例,其具体实现过程如下。

(1) 写出指令流程

指令流程图如图 6-4 所示。

(2) 安排操作时间表

根据指令流程、微命令序列,可以得出指令系统的操作时间表,即详细列出各指令在每个节拍应做的操作(针对不同指令,控制器在每个节拍要发出的具体微命令),操作时间表如表 6-3 所示。

表 6-3　指令的操作时间表

节拍	公共操作	LOAD	STORE	ADD	SUB	JNZ
T0	PC_bus LoadMAR IncPC					
T1	MemR LoadMDR selM = "10"					
T2	MDR_bus LoadIR					
T3	Addr_bus LoadMAR					
T4		MemR LoadMDR selM = "10"	AC_bus LoadMDR selM = "01"	MemR LoadMDR selM = "10"	MemR LoadMDR selM = "10"	MemR LoadMDR selM = "10"
T5		MDR_bus LoadAC selA = "01"	Memw	MDR_bus ALUop = "00000" LoadAC selA = "10" LoadPSW	MDR_bus ALUop = "00001" LoadAC selA = "10" LoadPSW	MDR_bus LoadPC

(3) 绘制微命令列表

依据上面给出的操作时间表,绘制微命令列表,即给出具体哪个节拍、哪些指令需要这个微命令,绘制的微命令列表如表 6-4 所示。

表 6-4　指令的微命令列表

微命令	T0	T1	T2	T3	T4	T5
LoadAC						LOAD + ADD + SUB
LoadIR			ALL			
LoadPSW						ADD + SUB
LoadPC						JNZ
LoadMAR	ALL			ALL		

续表

微命令	T0	T1	T2	T3	T4	T5
LoadMDR		ALL			ALL	
AC_bus					STORE	
Addr_bus				ALL		
PC_bus	ALL					
MDR_bus			ALL			LOAD + ADD + SUB + JNZ
IncPC	ALL					
+						ADD
−						SUB
selM = "01"					STORE	
selM = "10"		ALL			LOAD + ADD + SUB + JNZ	
selA = "01"						LOAD
selA = "10"						ADD + SUB
MemR		ALL			LOAD + ADD + SUB + JNZ	
MemW					STORE	

(4) 进行逻辑综合

根据指令的微命令列表，得到各微命令产生的逻辑表达式。表达式的一般格式为：

$$微命令 = 时序信号 \times 操作码 \times 状态条件$$

下面给出了简单模型机的部分微命令的逻辑表达式。例如：

$$LoadAC = T5 \cdot (LOAD + ADD + SUB)$$

$$MDR\_bus = T2 + T5 \cdot (LOAD + ADD + SUB) + T5 \cdot JNZ \cdot \overline{Z\_flag}$$

以上得到的逻辑表达式有些还可以进一步化简，化简时可以充分利用无关项。

(5) 实现电路

由上一步得到的逻辑表达式，可以用逻辑电路（与、或、非门）或者大规模集成电路实现控制器的相关电路。

目前的组合逻辑控制器可用 VHDL 编程，由可编程逻辑器件实现，实现过程类似上述步骤，不同之处在于将第（3）～（5）步改为：

(3) 写指令流程和微命令序列，画状态转换表。

(4) 画 ASM 图或状态转换图。

(5) VHDL 编程、仿真、下载到 FPGA。

6.1.4 实验预习

(1) 熟悉控制器的功能及实现。

(2) 掌握组合逻辑控制器的设计方法。

(3) 熟悉用 VHDL 实现状态机的具体方法。

6.1.5 实验过程及结果分析

按照实验内容与要求的 1~4 逐步完成组合逻辑控制器的设计。

6.1.6 实验报告及思考题

(1) 详细写出各步的设计过程，具体给出每步绘制的图表。
(2) 在设计中遇到什么问题？是怎么解决的？

6.1.7 扩展实验

(1) 在如图 6-2 所示的简单模型机的模块图的基础上，若添加寄存器，寄存器采用分立结构，试画出模块图。利用此模块图，指令系统增加寻址方式（如寄存器寻址等），按实验要求的步骤完成新的较复杂模型机控制器的设计。

(2) 在如图 6-2 所示的简单模型机的模块图的基础上，若添加寄存器，寄存器采用集成寄存器组结构，试画出模块图。利用此模块图，指令系统增加寻址方式（如寄存器寻址等），按实验要求的步骤完成新的较复杂模型机控制器的设计。

6.2 微程序控制器实验

微程序设计的概念和原理最早是由英国剑桥大学的威尔克斯（Wilkes）教授于 1951 年提出的。但是，由于当时还不具备制造专门存放微程序的控制存储器的技术，所以在十几年时间内实际上并未真正使用。直到 1964 年，IBM 公司在 IBM360 系列机上成功地采用了微程序设计技术，解决了指令系统的兼容问题。

微程序控制器同硬布线控制器相比较，具有规整、灵活和可维护一系列优点，已被广泛应用。目前，大多数计算机都采用微程序设计技术。

6.2.1 实验目的

(1) 熟悉微程序控制的相关概念。
(2) 理解微程序控制器的控制原理。
(3) 掌握微程序控制器的设计思路和方法。

6.2.2 实验要求

按照如图 6-3 所示的数据通路，设计实现微程序控制器。要求：
(1) 按照如图 6-1 所示的指令格式，参考表 6-1 所列举的指令，在所列举 5 条指令的基础上，再设计 3 条指令。
(2) 根据实验原理中的微程序编写举例，编写新设计 3 条指令的微程序。

(3) 参考如图 6-9 所示的微程序控制器的组成原理框图，设计微程序控制器。以此控制器为核心的简单模型机能识别并执行 8 种指令。指令字长为 8 位，至少有直接寻址方式。指令系统中必须包含 LOAD、STORE、ADD、SUB 及 JNE 五种指令。

(4) 用 VHDL 编程，并仿真测试。

6.2.3 实验原理

1. 有关的术语和概念

一台计算机基本上可以分为两大部分，即控制部件和执行部件，而运算器、存储器和外部设备相对控制器来说就是执行部件。

（1）微命令。控制部件向执行部件发出的各种控制命令。例如：打开或关闭某个控制门的电位信号、某个寄存器的打入脉冲等。

（2）微操作。微操作是由微命令控制实现的最基本的操作。

微命令和微操作是一一对应的。微命令是微操作的控制信号，微操作是微命令的操作过程。微命令有兼容性和互斥性之分。兼容性微命令是指那些可以同时产生、共同完成某一些微操作的微命令；而互斥性微命令是指在机器中不允许同时出现的微命令。

（3）微指令。是控制存储器中的一个单元的内容，是一组实现一定操作功能的用二进制编码表示的微命令的组合。

（4）微周期。从控制存储器中读取一条微指令并执行相应的微操作所需的全部时间。

（5）微程序。微程序是一系列微指令的有序集合。每一条机器指令都对应一个微程序。所有指令对应的微程序都存放在一个 ROM 中，这个 ROM 称为控制存储器 CM。

2. 微程序控制器的组成原理框图

微程序控制器的组成原理控制框图如图 6-9 所示。它主要由控制存储器、微地址寄存器、微指令寄存器和微地址形成部件 4 部分组成。

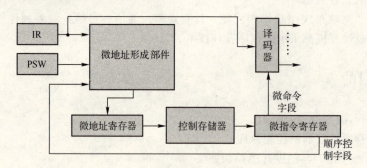

图 6-9 微程序控制器的组成原理框图

（1）控制存储器（CM）

控制存储器是微程序控制器的核心部件，用来存放实现整个指令系统的所有微程序，其性能（包括容量、速度、可靠性等）与计算机的性能密切相关。一般计算机的指令系统是固定的，实现指令系统的微程序也是固定的，因此控制存储器微程序是固定的。控制存储器通常由高速半导体只读存储器构成，其存储容量取决于微程序的数量，其字长是微指令字的长度。

(2) 微指令寄存器（μIR）

微指令寄存器用来存放从控制存储器读出的当前微指令，它的位数同微指令字长相等。微指令包含两个字段，即微命令字段和顺序控制字段。微命令字段信息被送入译码器，译码形成微命令。顺序控制字段用于控制下一条微指令地址的形成。

(3) 微地址寄存器（μMAR）

微地址寄存器存放将要访问的下一条微指令的地址，它接收微地址形成部件送来的微地址，为在控制存储器中读取微指令做准备。

(4) 微地址形成部件

微地址形成部件用来形成将要执行的微指令的地址，以保证微指令的连续执行。微地址的形成方式一般有以下三种。

① 取指令（各指令的公共操作）所对应的微程序一般从控制存储器的 0 号单元开始存放，所以微程序的入口地址 0 是由硬件强制规定的。在机器开始运行时，自动将取指微程序的入口微地址送入 μMAR，以从 CM 中读出微指令送入 μIR。每条机器指令执行完，需要转到取指微程序执行。

② 当微程序不出现分支时，微指令寄存器中存放的当前微指令的顺序控制字段直接提供了下一条微指令的地址。

③ 当微程序出现分支时，通过顺序控制字段和执行部件的反馈信息（操作码、PSW 等）形成后继微地址。

3. 微指令编码法

微指令可以分为微命令字段和顺序控制字段两大部分。这里所说的微指令编码法就是操作控制字段的编码法，通常有如下 3 种方法。

(1) 直接控制法

所谓直接控制法，就是在微指令的微命令字段中，一位对应一个微命令，不进行微命令的编码，所以，微指令中微命令字段的长度与所有微命令的个数相等。编写微指令时，是否发出某个微命令，只要将微命令字段中表示该命令的相应位设置成"1"或"0"，就可打开或关闭某个控制门，因此，微命令的产生不必经过译码，故有时称为不译码法，具体格式如图 6-10 所示。

这种编码法的优点是并行控制能力强，控制电路简单、速度快。其缺点是微指令字太长，控制存储器的容量过大，编码空间利用率低。

(2) 最短字长编码

直接控制法使微指令字过长，而最短编码法则使得微指令字最短。这种编码是将所有的微命令进行统一编码，用不同的码点表示不同的微命令，通过译码器产生相应的微命令，如图 6-11 所示。

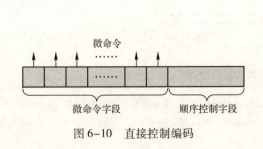

图 6-10　直接控制编码

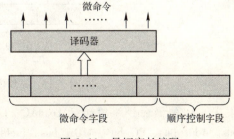

图 6-11　最短字长编码

这种编码法的优点是微指令字长很短，但要通过一个译码器才能得到需要的微命令，微命令数目越多，译码器就越复杂。由于最短字长编码法在同一时刻只能产生一个微命令，所有微命令均不能够并行，难以提高微命令的执行效率，故在实际应用中很少采用。

（3）分段直接编码

这种编码方法的基本思想是：将微命令字段划分为若干小字段，每个小字段包含若干微命令。将互斥的微命令组合在一个小字段，每个小字段独立译码，每个码点表示一个微命令，其微指令结构如图6-12所示。

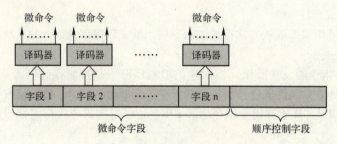

图6-12 分段直接编码的微指令结构

分段间接编码法吸收了直接控制编码和最短字长编码两种方法的优点，即能缩短微指令字长，又有较高的并行性，执行速度比较快，因此得到了广泛的应用。

另外，在分段直接编码法的基础上，可通过字段间接编码的方式进一步压缩微指令长度。分段直接编码法的设计思想是：某一小字段可以表示多组微命令功能，具体为哪一组功能，有另一个说明字段决定。

4. 微程序编写举例

设计微程序控制器的步骤类似于组合逻辑控制器，经历下列几个步骤。

（1）拟定模型机的指令系统。
（2）确定模型机的数据通路。
（3）绘制指令流程。
（4）编写微程序代码。
（5）形成控制逻辑。

这里，以表6-1列出的5条指令为例，基于图6-2的数据通路，指令流程图和微命令序列分别如图6-4和图6-5所示。根据以上内容，按照如下步骤编写微程序代码。

（1）设计微指令格式。设计的微指令格式如图6-13所示。

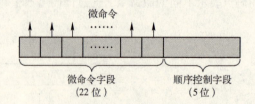

图6-13 简单模型机的微指令格式

其中，22位微命令字段包括LoadAC、LoadIR、LoadPSW、LoadPC、LoadMAR、LoadMDR、AC_bus、Addr_bus、PC_bus、MDR_bus、IncPC、MemR、MemW共13位，ALUop 5位，selA和

selM 共 4 位。由于如图 6-4 所示的流程图中共有 15 个方框，每个方框对应一条微指令，整个系统大概包括 15 条微指令，需要 5 位编码，故微指令的顺序控制字段为 5 位。

（2）绘制微程序流程图。为编写微程序代码，绘制出微程序流程图（如图 6-14 所示），类似图 6-5 给出的流程图。不同的是，图 6-14 中每个方框都对应一个编号，这些编号即微地址。

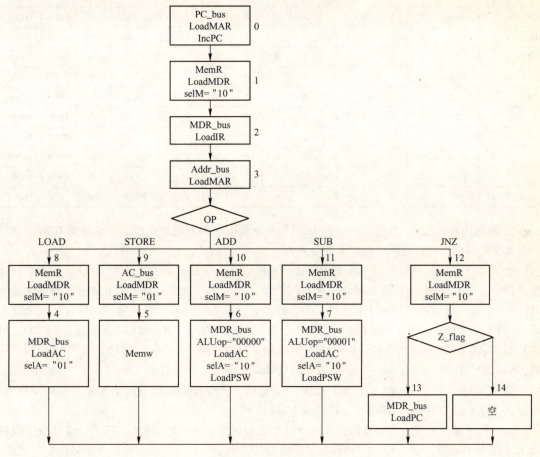

图 6-14 微程序流程图

（3）编写微程序。根据微指令格式和微程序流程图，可以写出控制器的微程序。微程序的编码如表 6-5 所示。从图 6-13 和表 6-5 可以看出，微指令的顺序控制（下地址）字段是按照下列方法确定的。

表 6-5 微指令列表

微地址	26 loadAC	25 loadIR	24 loadPSW	23 loadPC	22 loadMAR	21 loadMDR	20 AC_bus	19 Addr_bus	18 PC_bus	17 MDR_bus	16 IncPC	15 MemW	14 MemR	12~13 selM	10~11 selA	5~9 ALUop	0~4 下地址
00	0	0	0	0	1	0	0	0	1	0	1	0	0	00	00	00000	00001
01	0	0	0	0	0	1	0	0	0	0	0	0	1	10	00	00000	00010
02	0	1	0	0	0	0	0	0	0	1	0	0	0	00	00	00000	00011
03	0	0	0	1	0	0	0	0	0	0	0	0	0	00	00	00000	01111

续表

微地址	26 load AC	25 load IR	24 load PSW	23 load PC	22 load MAR	21 load MDR	20 AC_bus	19 Addr_bus	18 PC_bus	17 MDR_bus	16 Inc PC	15 Mem W	14 Mem R	12~13 selM	10~11 selA	5~9 ALUop	0~4 下地址
04	1	0	0	0	0	0	0	0	1	0	0	0	0	00	01	00000	00000
05	0	0	0	0	0	0	0	0	0	0	0	1	0	00	00	00000	00000
06	1	0	1	0	0	0	0	0	1	0	0	0	0	00	10	00000	00000
07	1	0	1	0	0	0	0	0	1	0	0	0	0	00	10	00001	00000
08	0	0	0	0	1	0	0	0	0	0	0	0	1	10	00	00000	00100
09	0	0	0	0	1	1	0	0	0	0	0	0	0	01	00	00000	00101
10	0	0	0	0	1	0	0	0	0	0	0	0	1	10	00	00000	00110
11	0	0	0	0	1	0	0	0	0	0	0	0	1	10	00	00000	00111
12	0	0	0	0	1	0	0	0	0	0	0	0	1	10	00	00000	10000
13	0	0	0	1	0	0	0	0	1	0	0	0	0	00	00	00000	00000
14	0	0	0	0	0	0	0	0	0	0	0	0	0	00	00	00000	00000

① 根据图 6-13，0、1、2、8、9、10、11 七条微指令的下地址是确定的，直接在本条微指令下址字段给出即可，它们对应的下址分别为 1、2、3、4、5、6、7。

② 地址 3 的下地址，应该根据指令操作码来形成，这里将其下地址设为 01111（并不存在这条微指令）。用 VHDL 编程（或硬件实现）时，需完成这样的功能：当判断出微指令的下地址为 01111 时，下一条微指令的地址采用拼接的方式形成，高 2 位固定是 01（也可以用其他的形成方式），低 3 位为指令的操作码。因此，LOAD 指令的开始地址（"01" 和 LOAD 的操作码"000" 拼接）是 01000 = 8，store 指令的开始地址（"01" 和 STORE 的操作码"001" 拼接）是 01 001 = 9，同理，add 的是 01 010 = 10，sub 的是 01 011 = 11，bne 的是 01 100 = 12。

③ 微地址为 12 的微指令的下地址也是不确定的，需要根据运算器的结果是否为 0 来判断，所以其下地址设为 10000，以决定下地址是 13 还是 14。

为了便于硬件实现，微指令的格式还可以设置为如图 6-15 所示格式。其中，微命令字段仍为 22 位，转移控制字段 2 位，当转移控制字段为"00"时，下址字段直接提供下条微指令的地址；当转移控制字段为"10"时，根据指令操作码形成下一条微指令地址，仍可采用拼接方式形成下一条微指令地址；当转移控制字段为"01"时，根据 Z_flag 的值修改下址字段，实现分支。

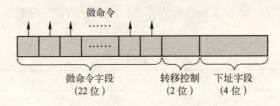

图 6-15 简单模型机的另一种微指令格式

6.2.4 实验预习

（1）熟悉微程序控制器的工作原理。

(2) 掌握微指令编码法。
(3) 熟悉 VHDL 实现微程序控制器的方法。

6.2.5　实验过程及结果分析

（1）拟定指令系统。指令字长为 8 位，至少有直接寻址方式。指令系统中必须包含 LOAD、STORE、ADD、SUB 及 JNE 五种指令，其余三种指令功能不限。
（2）确定数据通路。
（3）绘制微程序流程图。
（4）编写微程序。
（5）用 VHDL 编程实现设计的微程序控制器，并仿真测试。

6.2.6　实验报告及思考题

（1）详细写出各步的设计过程，具体给出每步绘制的图表。
（2）在设计中遇到什么问题？是怎么解决的？
（3）如果要修改指令字长、增加指令寻址方式、增加指令种类，设计过程将做何改动？相应的 VHDL 代码该如何编写？

第 7 章

存储部件实验

存储器（Memory）是计算机系统中的记忆设备，用来存放程序和数据。计算机中全部信息，包括输入的原始数据、计算机程序、中间运行结果和最终运行结果都保存在存储器中。它根据控制器的控制信息在指定的位置存入和取出信息。有了存储器，计算机才有记忆功能，才能保证正常工作。

计算机的主存储器可分为随机存储器、只读存储器。

本章主要分三个部分：ROM 实验、RAM 实验和 FIFO 实验。

▷▷ 7.1 只读存储器 ROM 实验

7.1.1 实验目的

（1）掌握 ROM 的工作原理。
（2）掌握 FPGA 中 lpm_ROM 的设置，掌握只读存储器 ROM 的工作特性和配置方法。
（3）验证 FPGA 中 mega_lpm_ROM 的功能。

7.1.2 实验要求

（1）利用 LPM 元件库，设计只读存储器 ROM。
（2）用文本编辑器编辑 MIF 文件配置 ROM。
（3）通过仿真测试，总结 ROM 的工作原理。

7.1.3 实验原理

ROM 是由英文 Read only Memory 的首字母构成的，意为只读存储器。顾名思义，就是这样的存储器只能读，不能像 RAM 一样可以随时读和写。它另外一个特点是，存储器掉电后，里面的数据不丢失，可以存放成百上千年。此类存储器多用来做固件，比如计算机启动的引导程序，手机、MP3、MP4、数码相机等一些电子产品的相应的程序代码。按照编程和擦除方式的不同分为固定只读存储器、可编程只读存储器、可擦除可编程只读存储器以及闪速存储器。

固定只读存储器 ROM 也称掩膜只读存储器，其内容是在制造时由厂家用特殊的方法烧录进去的，用户无法更改，只能读出，适用于专用场合或用量较大的定型产品，用户可向厂家定做。

可编程只读存储器 PROM 在出厂时，并没有存入任何有效信息，用户可用专门的编程器将自己的数据写入，只可写入一次且一旦写入后无法修改，适用于已经成熟的产品。

可擦除可编程只读存储器包括紫外线可擦除只读存储器 EPROM、电可擦除只读存储器 E^2PROM 两种。它们可将存入 ROM 中的内容擦掉，擦除之后，用户可以重新编程写入。

闪速存储器集成度高，容量大，使用方便。

Altera 的 FPGA 中有许多可调用的 LPM（Library Parameterized Modules）参数化的模块库，它能提供一些可调用的功能模块，包括门单元模块、算术运算模块、存储器模块及其他功能模块。CPU 中的重要部件，如 RAM、ROM 可直接调用它们构成。在 FPGA 中利用嵌入式阵列块 EAB 可以构成各种结构的存储器，lpm_rom 是其中的一种。lpm_rom 有 5 组信号：地址信号 address[ ]、数据信号 q[ ]、时钟信号 inclock、outclock、允许信号 memenable，其参数都是可以设定的。由于 ROM 是只读存储器，所以它的数据口是单向的输出端口。ROM 中的数据是在对 FPGA 现场配置时，通过配置文件一起写入存储单元的。图 7-1 中的 lpm_ROM 有 3 组信号：inclk——输入时钟脉冲；q[23..0]——lpm_ROM 的 24 位数据输出端；a[5..0]——lpm_ROM 的 6 位读出地址[22]。

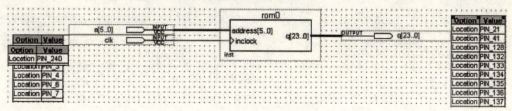

图 7-1 lpm_ROM 的结构图

7.1.4 实验预习

（1）了解 ROM 的工作原理。
（2）熟悉 lpm_ROM 的参数设置。
（3）了解 lpm_ROM 中数据的写入，即 LPM_FILE 初始化文件的编写。

7.1.5 实验过程及结果分析

（1）创建工程。
（2）建立初始化数据文件。Quartus Ⅱ能接受的 LPM_ROM 中的初始化数据文件格式有两种，分别为 Hexadecimal（Intel-Format）File（.hex）和 Memory Initialization File（.mif）格式文件。它们的创建方法如下。

① 建立 .hex 格式文件。单击"File"→"New"，如图 7-2 所示，单击"Other Files"，选择"Hexadecimal（Intel-Format）File"。单击"OK"按钮后，出现数据文件的字数字长设置窗口，如图 7-3 所示。根据需要设置字数和字长，这里选择字数为 128，字长为 32。单击"OK"按钮，进入初始化数据编辑窗口，如图 7-4 所示。

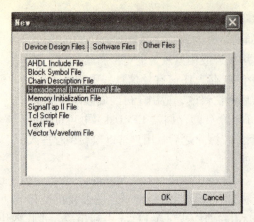

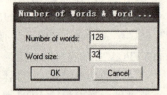

图 7-2　New 窗口　　　　　　图 7-3　字数字长设置窗口

图 7-4　.hex 文件的初始化数据编辑窗口

根据设计需要，在每个单元填上对应的数据，保存文件，这里不妨假设文件名为 romdata.hex。

② 建立.mif 格式文件。单击"File"→"New"，如图 7-2 所示，单击"Other Files"，选择"Memory Initialization File"，单击"OK"按钮后，出现数据文件的字数字长设置窗口，如图 7-3 所示。单击"OK"按钮，进入初始化数据编辑窗口。编辑数据，并保存，假设保存文件名为 romdata.mif。

(3) 创建 ROM 文件。

① 用图形编辑，单击"Tool"→"MegaWizard Plug-In Manager"，如图 7-5 所示。创建一个 megafunction，弹出的窗口如图 7-6 所示，选择"Create a new custom megafunction variation"。单击"next"按钮，出现如图 7-7 所示的对话框。在对话框左边选择"storage"→"LPM_ROM"，在右侧选择输出文件类型，并给输出文件命名。这里选择 VHDL 为输出文件类型，输出文件命名为 rom.vhd。

② 参数设定。这里可以设定地址线、数据线和时钟控制方式等。这里设置地址线为 7 位，数据线为 32 位，选择单时钟的记录方式。具体如图 7-8 所示。图中，"What should the RAM block type be?"选择默认的"Auto"。在适配时，Quartus Ⅱ 根据选中的目标器件系列，自动确定嵌入 RAM 模块类型。单击"Next"按钮，出现如图 7-9 所示的界面，在此界面中选择是否需要输出暂存器。若不需要，则将"'q'output port"选项前的"√"取消。单击"Next"按钮，出现如图 7-10 所示的界面。

第7章 存储部件实验

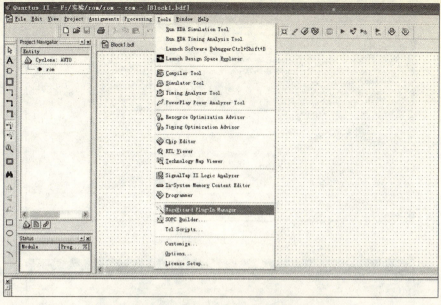

图7-5 进入"插件管理器向导"

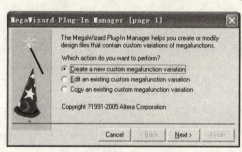

图7-6 创建一个 magafunction

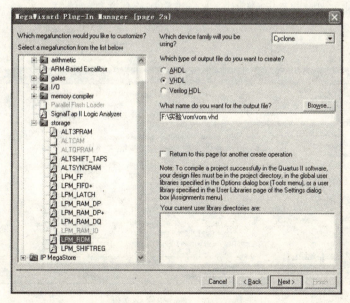

图7-7 选择设定宏功能模块

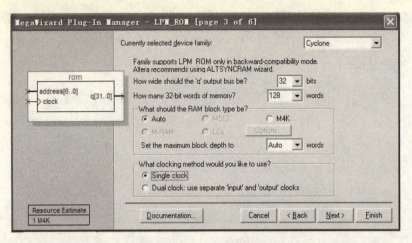

图 7-8　选择设定宏功能模块

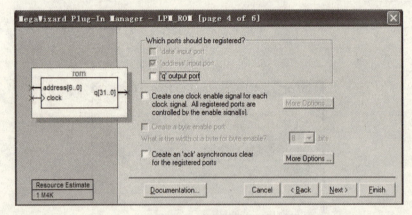

图 7-9　选择输出暂存器

③ 绑定初始化文件。在图 7-10 中，选择绑定初始化文件，单击"Yes, use this file for the memory content data"，单击"Browse..."按钮，在指定路径选择绑定文件。这里选择文件 romdata.mif，也可以选择".hex"文件。

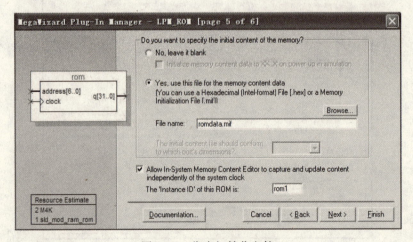

图 7-10　绑定初始化文件

在"Allow In – System Memory Content……"选项前打勾,这样允许 Quartus Ⅱ 通过 JTAG 口对下载至 FPGA 的 ROM 进行在系统测试和读写[22]。在"The'Instance ID'of this ROM is:"栏中输入此 ROM 的 ID 号,这里为"rom1"。单击"Next"按钮。出现如图 7-11 所示的界面。

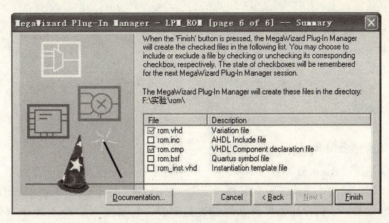

图 7-11 完成界面

LPM_ROM 中的数据写入有如下两种方法[22]:
① 通过初始化文件编写。初始化文件可以是".mif"或".hex"文件。
② 利用 Quartus Ⅱ 的在系统存储模块读/写工具测试和读/写。
③ 完成。在图 7-11 中单击"Finish"按钮,完成设计。
(4) 全程编译,仿真测试。
(5) 下载至 FPGA。

7.1.6 实验报告及思考题

(1) 如何在图形编辑窗口设计 LPM_ROM 存储器?如何设置地址宽度和数据线的宽度?如何设计存储初始化文件?
(2) 怎样对所设计的 ROM 进行仿真测试?记录实验数据,给出仿真波形。
(3) 若用 VHDL 设计 ROM 存储器,则如何编写代码?
(4) 了解 LPM_ROM 存储器占用 FPGA 中 EAB 资源的情况。
(5) ROM 在计算机中的应用。

7.2 随机存取存储器 RAM 实验

7.2.1 实验目的

(1) 掌握 RAM 的工作原理及读/写方法。
(2) 了解 FPGA 中 lpm_ram_dq 的功能。
(3) 掌握 lpm_ram_dq 的参数设置和使用方法。

(4) 掌握 lpm_ram_dq 作为随机存储器 RAM 的工作特性和读/写方法。

7.2.2 实验要求

(1) 利用 LPM 元件库，设计随机存取存储器 RAM。
(2) 用文本编辑器编辑 MIF 文件配置 RAM。
(3) 通过仿真总结 RAM 的工作特性和读/写方法。

7.2.3 实验原理

1. 随机存取存储器（RAM）

随机存取存储器（Random Access Memory, RAM）的特点是按地址访问存储单元，因为每个地址译码时间相同，故在不考虑芯片内部缓冲延迟的情况下，每个存储单元的访问时间一致，即访问时间与地址无关。随机存储器按其元件的类型来分，有双极存储器和 MOS 存储器两类。双极存储器与 MOS 存储器相比，具有存取速度快、价格高等特点，故其主要用于高速的小容量存储系统。MOS 型随机存取存储器又可分为静态随机存储器（SRAM）和动态随机存储器（DRAM）两种。静态随机存储器采用双稳态触发器来保存信息，只要不断电，信息就不会丢失，具有功耗大、集成度低、读写速度快等特点，适合做高速小容量的半导体存储器；动态随机存储器利用电容储存电荷来存储信息，要使状态保持不变，必须定时刷新，具有功耗小、集成度高、速度慢的特点，适合做慢速大容量的半导体存储器。现在计算机中，内存常由动态存储元件构成，Cache 常用静态随机存储元件构成。

2. lpm_ram_dq 简介

在 FPGA 中利用嵌入式阵列块 EAB 可以构成存储器，lpm_ram_dq 的结构图如图 7-12 所示，inclock 是地址锁存时钟。数据从 ram_dp0 的左边 d[7..0] 输入，从右边 q[7..0] 输出，R/W 为读/写控制信号端（低电平时进行读操作，高电平时进行写操作）[22]。

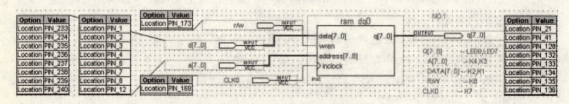

图 7-12　lpm_ram_dp 的结构图

数据的写入：输入数据 d[7..0] 和地址 a[7..0] 准备好后，当时钟信号 CLK0 上升沿到来时，地址被锁存，数据写入对应存储单元。

数据的读出：从 a[7..0] 输入存储单元地址，在时钟信号 CLK0 上升沿到来时，该单元数据从数据输出端 q[7..0] 输出。

7.2.4 实验预习

(1) 了解 RAM 的工作原理和读/写特性。

(2) 熟悉 lpm_RAM 的参数设置。
(3) 了解 lpm_RAM 中数据的写入。

7.2.5 实验过程及结果分析

(1) 创建工程。
(2) 创建新文件，选择编辑方式。使用 MagaWizard Plug-In Manager 工具，在如图 7-7 所示的界面中调用 lpm_ram_dq 元件。随后，设置地址总线宽度和数据总线宽度，假设分别为 7 位和 16 位。可以选择加入初始化文件（如 ramdata.mif）。设置在系统 ROM/RAM 读/写允许，此设置能对 FPGA 中的 RAM 在系统读/写。
(3) 全程编译，仿真测试。观察读出的数据是否与初始化数据一致。观察写入和读出时间与系统时钟的关系。

7.2.6 实验报告及思考题

(1) 如何在图形编辑窗口设计 lpm_ram_dq 存储器？如何设置地址宽度和数据线的宽度？如何设计存储初始化文件？
(2) 怎样对所设计的 RAM 进行仿真测试？记录实验数据，给出仿真波形。
(3) 若用 VHDL 设计 RAM 存储器，如何编写代码？
(4) 了解 LPM_RAM 存储器占用 FPGA 中 EAB 资源的情况。
(5) RAM 在计算机中的应用。

7.3 FIFO 定制与读/写实验

7.3.1 实验目的

(1) 了解 FIFO 存储器的功能和应用。
(2) 掌握 lpm_fifo 的参数设置和使用方法。
(3) 掌握先进先出存储器 FIFO 的工作特性和读/写方法。

7.3.2 实验要求

(1) 利用 LPM 元件库，设计 FIFO。
(2) 总结 FIFO 的工作特性和读/写方法。

7.3.3 实验原理

FIFO（First In First Out）是一种存储电路，通常其数据存放结构是完全和 RAM 一致的。作为先进先出的数据结构，可用来存储、缓冲在两个异步时钟之间的数据传输。使用异步 FIFO 可以在两个不同时钟系统之间快速而方便地实时传输数据。在网络接口、图像处理、CPU 设计等方面，FIFO 具有广泛的应用。在 FPGA 中利用嵌入式阵列块 EAB 可以构成存储器，lpm_fifo 的结构如图 7-13 所示[22]。

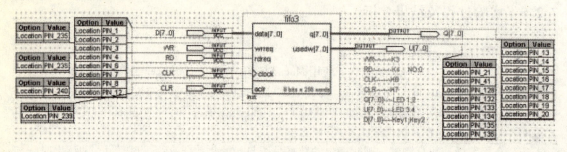

图 7-13 lpm_fifo 的结构图

WR—写控制端，高电平时进行写操作。
RD—读控制端，高电平时进行读操作。
CLK—读/写时钟脉冲。
CLR—FIFO 中数据异步清零信号。
D[7..0]—lpm_fifo 的 8 位数据输入端。
U[7..0]—表示 lpm_fifo 已经使用的地址空间。

7.3.4 实验预习

（1）了解 FIFO 的工作原理和读/写特性。
（2）熟悉 lpm_FIFO 的参数设置。
（3）了解 lpm_FIFO 的数据写入。

7.3.5 实验过程

（1）创建工程。
（2）进入 mega_lpm 元件库，调用 lpm_FIFO 元件，设置地址总线宽度和数据总线宽度。
（3）加入初始化文件。
（4）全程编译，仿真测试。

7.3.6 实验报告及思考题

（1）记录所设置的 LPM_FIFO 存储器的各项参数。
（2）仿真测试 FIFO 的工作情况，具体给出当数据为"空"、"未满"、"满"时，输出信号的不同。
（3）通过仿真，对 FIFO 的应用有何进一步的认识？
（4）讨论 FIFO 在模型机设计中的作用。

第8章

基本 CPU 设计

计算机是由运算器、存储器、控制器以及输入/输出四大主要单元组成的。它们之间通过一条公共的通道进行数据的传递和控制，即总线。其中，运算器主要负责数据的算术和逻辑运算，存储器的任务是存放程序和数据，控制器是对从内存中读取的机器指令进行分析，发出对应的控制信号，控制执行部件完成相应的操作。输入/输出单元则是将需要的程序、数据写入内存，再由机器运行计算得出结果，予以显示输出。

▷▷ 8.1 模型机的基本框架

图 8-1[24] 为一台简单模型机的基本框图。它包括了运算器、存储器、控制器以及输入/输出四大主要单元。

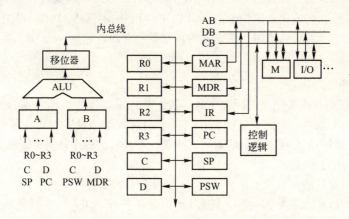

图 8-1　简单模型机的基本框图

1. 运算部件

运算部件的任务是对操作数进行加工处理。运算部件主要由以下三部分组成。

（1）输入逻辑。操作数可以来自各种寄存器，也可以来自 CPU 内部的数据线。每次运算最多只能对两个数据进行操作，所以运算部件设置了两个数据选择器（A 和 B），分别选择两个操作数参加运算。

（2）算术/逻辑运算部件 ALU。ALU 是运算部件的核心，完成具体的运算操作。它的主要部件就是一个加法器，负责对两个操作数进行求和运算。两个数进行算术加时有时能产生进位，所以加法器除了具有求和逻辑以外，还提供进位信号传递的逻辑，称为进位链。

（3）输出逻辑。运算结果可以直接送往接收部件，也可以经左移或右移后再送往接收部件，所以输出逻辑往往具有移位功能。常用移位寄存器或移位门，通过移位传送实现左移、右移，并通过三态门，由控制信号控制送往内部数据总线。

2. 寄存器组

计算机工作时，CPU 需要处理大量的控制信息和数据信息。因此，在 CPU 中需要设置若干寄存器，暂时存放这些信息。在如图 8-1 所示的模型机中，采用分立寄存器结构。

3. 指令寄存器

指令寄存器（IR）用来存放当前正在执行的指令，它的输出包括操作码信息、地址码信息等，是产生微命令的主要逻辑依据。

4. 程序计数器

程序计数器（PC）也称为指令指针，用来指示指令在存储器中的存放位置。当程序顺序执行时，每次从主存取出一条指令，PC 内容就增量计数，指向下一条指令的地址。增量值取决于现行指令所占的存储单元数。如果现行指令只占一个存储单元，则 PC 内容加 1；若现行指令占了两个存储单元，那么 PC 内容就要加 2。当程序需要转移时，将转移地址送入 PC，使 PC 指向新的指令地址。因此，当现行指令执行完，PC 中存放的总是后续指令的地址。将该地址送往主存的地址寄存器 MAR，便可从存储器读取下一条指令。

5. 地址寄存器

CPU 访问存储器，首先要找到需要访问的存储单元，因此，设置地址寄存器（MAR）来存放被访问单元的地址。当需要读取指令时，CPU 先将 PC 内容送入 MAR，再由 MAR 将地址送往存储器。当需要读取或存放数据时，也要先将该数据的有效地址送入 MAR，再对存储器进行读/写操作。

6. 标志寄存器

标志寄存器 PSW 是用来记录现行程序运行状态和指示程序的工作方式的，标志位则用来反映当前程序的执行状态。一条指令执行后，CPU 根据执行结果设置相应特征位，作为决定程序流向的判断依据。例如，当特征位的状态与转移条件符合时，程序就进行转移；如果不符合，则顺序执行。常用的标志位如下。

- 进位位 Fc：运算后如果产生进位，将 Fc 置为 1；否则将 Fc 清为 0。
- 进位位 Fz：运算结果为 0，将 Fz 置为 1；否则将 Fz 清为 0。
- 溢出位 Fv：运算后产生溢出，将 Fv 置为 1；否则将 Fv 清为 0。
- 负位 Fn：运算结果为负数，将 Fn 置为 1；否则将 Fn 清为 0。

7. 微命令产生部件

从用户方面看，计算机的工作体现为指令序列的连续执行。从内部实现机制看，指令的读取与执行又体现为信息的传送，相应地在计算机中形成控制流与数据流这两大信息流。

实现信息传送要靠微命令的控制，因此，在 CPU 中设置微命令产生部件，根据控制信息产生微命令序列，对指令功能所要求的数据传送进行控制，同时在数据传送至运算部件时控制完成运算处理。

微命令产生部件可由若干组合逻辑电路组成，也可以由专门的存储逻辑组成。产生微命令的方式可分为组合逻辑控制方式和微程序控制方式两种。

8. 时序系统

计算机的工作常常是分步执行的，那么就需要一种时间信号作为分步执行的标志，如周期、节拍等。

节拍是执行一个单步操作所需的时间，一个周期可能包含几个节拍。这样，一条指令在执行过程中，根据不同的周期、节拍信号，就能在不同的时间发出不同的微命令，完成不同的操作。

周期、节拍、脉冲等信号称为时序信号，产生时序信号的部件称为时序发生器或时序系统，它由一组触发器组成。由石英晶体振荡器输出频率稳定的脉冲信号，也称时钟脉冲，为 CPU 提供时钟基准。时钟脉冲经过一系列计数分频、产生所需的节拍（时钟周期）信号。时钟脉冲与周期、节拍信号和有关控制条件相结合，可以产生所需的工作脉冲。

9. 存储器

存储器中存放了模型机运行所需要的指令和数据。在一些实验箱中，存储器由 6116 芯片构成。在实际设计中，存储器可根据需要，利用 Quartus 的相应工具自己设计。

综上所述，在完成模型机的设计过程中，CPU 的设计是重中之重。

8.2　CPU 的设计规范

CPU 通常包括数据通路和控制单元。所有这些部分一起协同工作，共同完成 CPU 指令集中每条指令的取指、译码以及执行周期所必需的微操作序列。

8.2.1　CPU 设计步骤

单周期 CPU 的设计过程如下。

第 1 步，依据设计需求拟定指令系统并分析每条指令的功能。

第 2 步，根据指令的功能给出所需的元件，并考虑如何设计数据通路。

第 3 步，确定每个元件所需控制信号的取值。

第 4 步，汇总各指令涉及的控制信号，生成反映指令与控制信号之间的关系表。

第 5 步，根据关系表，得到每个控制信号的逻辑表达式，据此设计控制电路。

多周期 CPU 的设计通常按如下步骤进行。

第 1 步，确定 CPU 的用途。这一步的关键是使 CPU 的处理能力和它所执行的任务匹配。例如，要对微波炉进行控制，一个 4 位的微处理器就足够了，而不需要像 Itanium 那样的微处理器，反过来，一个 4 位的微处理器是无法完成一台个人计算机的功能的[27]。

第 2 步，拟定指令系统。根据 CPU 将要执行的任务，设置相应指令（包括确定指令格式，选择寻址方式，明确所需的指令类型）以及这些指令将要用到的寄存器。

第 3 步，确定总体结构。为了实现指令系统，在 CPU 中需要设置哪些寄存器？设置多少寄存器？采用什么样的运算部件？提供一个什么样的数据通路？这些问题都要在这一步解决。

第 4 步，设计状态转换图。在状态图中，列出每个状态要发出的微命令，以及从一个状态转移到另一个状态的条件。

第 5 步，形成控制逻辑。视组合逻辑控制方式或微程序控制方式采用不同的设计方法。

第 6 步，完成各部件连接。根据数据通路，设计各功能部件，并将第 5 步形成的控制逻辑及各功能部件准确地连接起来。

8.2.2 指令系统设计

计算机的性能与它所设置的指令系统有很大的关系。指令系统反映了计算机的主要属性，而指令系统的设置又与机器的硬件结构密切相关。指令是计算机执行某些操作的依据，而指令系统是一台计算机中所有机器指令的集合。通常性能较好的计算机都设置有功能齐全通用性强、指令丰富的指令系统，而指令功能的实现需要由复杂的硬件结构来支持。因此，在设计 CPU 时，首先要明确机器硬件应该具有哪些功能，然后根据这些功能来设置指令，包括所采用的指令格式、所选择的寻址方式和所需要的指令类型。

计算机是通过执行指令来处理各种数据的。为了指出数据的来源、操作结果的去向及所执行的操作，一条指令必须包含下列信息：

- 操作码。它具体说明了操作的性质及功能。一台计算机可能有几十条至几百条指令，每一条指令都有一个相应的操作码，计算机通过识别该操作码来完成不同的操作。
- 操作数地址。CPU 通过该地址就可以取得所需的操作数。
- 操作结果的存储地址。把对操作数的处理所产生的结果保存在该地址中，以便再次使用。
- 下一条指令的地址。执行程序时，大多数指令按顺序依次从主存中取出执行，只有在遇到转移指令时，程序的执行顺序才会改变。为了压缩指令的长度，可以用一个程序计数器（PC）存放指令地址。每执行一条指令，PC 的指令地址就自动加 1（设该指令只占用一个存储单元），指出将要执行的下一条指令的地址。当遇到执行转移指令时，则用转移地址修改 PC 的内容。由于使用了 PC，指令中就不必明显地给出下一条将要执行指令的地址。

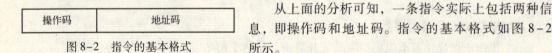

图 8-2 指令的基本格式

从上面的分析可知，一条指令实际上包括两种信息，即操作码和地址码。指令的基本格式如图 8-2 所示。

在设计指令系统时，一般要考虑以下一些基本问题。

1. 确定指令长度

指令可以是定长的和可变长的。

定长的指令字长是固定的，通常与机器字长和存储字长均相等，访问某个存储单元，即可以取出一条完整的指令或一个完整的数据。

可变长指令系统包含了位数不同的指令，如单字长指令，多字长指令。控制这类指令的电路比较复杂，而且多字长指令需要多次访问存储器才能取出一条完整的指令，使得 CPU 的速度下降。

2. 操作码结构设计

操作码用来指明该指令所要完成的操作。通常，其位数反映了机器的操作类型，也即机器允许的指令条数，如操作码占 7 位，则该机器最多包含 $2^7 = 128$ 条指令。

操作码的长度可以是固定的，也可以是变化的。前者将操作码集中放在指令字的一个字段内，这种格式便于硬件设计，指令译码时间短。操作码长度不固定的指令，其操作码分散在指令字的不同字段中。这种格式可有效压缩操作码的平均长度，但会增加指令译码和分析的难度。

在设计操作码结构时，应根据指令的长度和所需设置指令的条数等需求综合考虑并进行设计。

3. 确定运算指令操作的数据类型

高级语言源程序中需要对 int、short 和 byte 等类型的整型数据以及 float、double 等浮点类型数据，甚至是位串、字符串等进行操作。

为了使所设计 CPU 的更具实用性，在指令系统设计时，需要考虑运算操作数的数据类型。

4. 寻址方式设计

寻址方式就是寻找操作数或操作数地址的方式。常用的寻址方式有：立即寻址、寄存器寻址、直接寻址、寄存器间接寻址、相对寻址、基址寻址、变址寻址等。指令系统中采用多种不同寻址方式的主要目的是：缩短指令长度，扩大寻址空间，提高编程的灵活性。

在一条指令中，应该说明操作数的寻址方式。说明方法有以下两种。

（1）利用操作码说明，即不同寻址方式的同一种指令采用不同的操作码表示。例如，对于只有 4 位二进制数的操作码结构的加法指令而言，若两个相加的操作数都在通用寄存器中，设置此条加法指令的操作码为二进制数 1001；若一个操作数在寄存器中，另一个操作数在主存储器中，则可设置此条加法指令的操作码为 1010。由此可见，具有相同加法功能的指令可能会占据多个操作码的码点。因此，在设计操作码的位数时，应该考虑指令系统中设置的各种指令以及每种指令所占据的操作码的码点数，由各种指令占有的所有码点数决定应设置的操作码的位数。

（2）指令中设置专门字段说明寻址方式。如图 8-3 所示，指令高位为操作码部分，低位分别为源地址字段和目的地址字段。地址字段由两部分构成，分别为寻址方式说明部分和寄存器号说明部分。

图 8-3 包含寻址方式字段的指令格式

5. 通用寄存器的选择

通用寄存器的选择要从个数、功能和长度三个方面考虑。

（1）个数的选择。若通用寄存器多，则编译器应尽量多地把高级语言源程序中的变量分配到通用寄存器中，因而减少指令执行时访问内存的次数，加快程序运行。但是，通用寄存器多会使寄存器存取延迟变长，因而影响指令执行速度。此外，还可能使寄存器编码变长，从而使指令长度变长，通用寄存器多还会增大 CPU 成本，占用更多硅片面积。

（2）功能的分配。注意通用寄存器的功能分配，比如，考虑是否要有专门的栈顶指针寄存器、过程调用的参数寄存器、过程调用的返回参数寄存器、过程调用的返回地址寄存器；是否要有记录指令执行状态的标志寄存器等。

（3）长度的设计。寄存器的长度设计需要满足多种不同长度的数据类型的存储要求。

6. 地址码结构设计

指令中的地址码用来指示该指令所处理的操作数在机器中的存放位置。地址码结构的设计主要考虑一条指令中操作数应该设置几个，每个操作数在机器中应该怎么存放以及用多少位的二进制数表示每个操作数存放的地址。

指令中的操作数可以存放在寄存器中，也可以存放在主存储器中。当存放在主存储器中时，又可分为存放在指令中（立即寻址）和存放在相应的主存单元中两种情况。

在设计指令的地址码结构时，应根据要实现的指令功能及其所需要的操作数个数，设计出具有二地址、一地址或零地址的指令。例如，对于加法指令，可以设计成具有二地址的指令；对于自减 1 指令，可以设计为一地址指令。

设计中还应考虑地址码结构中为表示每个操作数地址需要的二进制位数，与此同时，需要进行寻址方式的设计。

例如，对于一条双操作数、指令长度为 8 位的指令，采用利用操作码说明寻址方式的设计方法。其指令格式如图 8-4 所示。其中，DEST 为目的操作数地址字段，SRC 为源操作数地址字段。

图 8-4　8 位指令格式图

7. 指令助记符与机器指令代码

指令中的操作码及地址码由若干位二进制数编码而成。在进行指令系统设计时，为了方便记忆、阅读及编程，一般对机器指令中以二进制数表示的操作码和部分地址码用相应的若干个英文字母表示，通常称之为指令助记符。

例如，若指令格式如图 8-4 所示，加法指令的操作码为"1001"，则二进制代码为 10010100 的机器指令可以用指令助记符"ADD R1，R0"来表示。该指令的功能是将 R1 寄存器的内容与 R0 寄存器的内容相加，结果存入通用寄存器 R1 中。

8. 小结

指令系统设计中，首先需要确定指令长度、操作码及操作数分别占据指令中哪些二进制位，考虑选择哪种寻址方式说明方法，然后确定操作码及地址码（相应寻址方式）分别采用什么样的助记符表示。

8.2.3　确定总体结构

为了执行指令系统的功能，在 CPU 中需要设置哪些寄存器，设置多少寄存器，采用什么样的运算部件，如何为信息的传送提供通路，这些都是在确定 CPU 总体结构时需要解决的主要问题，其中，数据通路的构建尤为重要。

计算机的信息（数据、指令代码、地址）从一个部件传输到另一个部件所经过的路径，连同路径上的设备，如寄存器、暂存器、控制逻辑门、加工部件等，统称为数据通路。为了设计数据通路，有两种不同的方案[27]。

（1）在所有需要传送数据的部件之间创建一条直接通路。可以使用多路选择器或者缓冲器为那些有多个数据源的寄存器从多个可能的输入中选择一个。例如，在某 CPU 中，AR 可以从 PC 或者 DR[5..0]中获得数据，因此 CPU 需要一种逻辑，它能根据实际需要选择一个数据提供给 AR。

(2) 在 CPU 的内部创建一条总线，并且在各个部件之间使用总线传递数据。

为了说明总线的概念，举一个例子：假设政府要修建高速公路，把 200 个城镇连接起来。一种选择方案是，在每两个城镇之间修建一条单独的道路（每个方向一条），这将导致修建 39800 条道路。另一种选择是，修建一条主要的高速公路，通过一些出口和入口连接所有的城镇。总线就像这个主要的高速公路：它不但满足了交通的需要，而且还减少了所需要的道路（数据通路）的数量。现代计算机广泛使用内部总线作为 CPU 内部各寄存器和运算器之间的一束公共传输线路，使得内部数据通路结构规整简化，便于控制[27]。

数据通路的构建不仅要给出各部件传送的通路，而且要给出为保证信息准确传送需要设置的微命令集合。

8.2.4 设计状态转换图

对于多周期 CPU 的设计，为了画出合适的状态转换图，通常要经历如下几步。

第 1 步，拟定指令流程和微命令序列。依据数据通路，根据各器件的实际工作时序，写出指令系统中每条指令的指令流程（各种时钟周期要完成的操作）和微命令序列（完成对应操作需要的微命令）。

第 2 步，合并状态。遍历每条指令的指令流程和微命令序列，找出两条或多条指令中完成相同或相似操作的某一时钟周期。按照一个时钟周期对应状态机的一个状态的基本原则，这些相似或相同的周期可以对应一个工作状态。最终确定完成整个指令系统需要的状态数，且列出每个状态需要发出的微命令。

第 3 步，画出状态转换图。从初始状态开始，按照取出指令到执行指令的过程顺序，依次写出指令集中每条指令所经历的状态，列出每个状态要发出的微命令，并且给出从一个状态转移到另一个状态的条件。

如果进行的是单周期的 CPU 设计，要列出每条指令在其工作的这一周期中控制器需要发出的微命令（也即各工作部件的控制信号选择）。

8.2.5 形成控制逻辑及完成各部件连接

第 6 章给出了控制器设计的描述，根据设计需求，可选择形成组合逻辑控制器或微程序控制器。

设计各功能部件，按照数据通路图，将各功能部件连接起来。同时，将控制器发出的控制信号和器件工作需要的微命令连接起来。最终形成顶层的设计实体。

按照上述 CPU 的设计规范，可以进行开放式基本 CPU 设计。

8.3 16 位单周期 CPU 设计

8.3.1 指令系统设计

设计一个定长指令系统，其指令字长为 16 位，指令格式类似 MIPS 指令格式，具体格式如图 8-5、图 8-6、图 8-7 所示。

图 8-5 R 类指令

图 8-6 I 类指令

图 8-7 J 类指令

这里假设 CPU 中包含 8 个 16 位寄存器（用 3 位二进制编码），数据寻址方式包括立即数寻址和偏移量寻址两种，利用操作码说明寻址方式。

为说明原理，给学生充分的发挥空间，这里仅设计十几条有代表性的指令。具体指令类型如表 8-2 所示。

表 8-2 指令类型

操作码助记符	操作码	指令格式	Fun 字段	
ADD	0000	R	000	Reg[rd]←reg[rt] + reg[rs]
SUB	0000	R	001	Reg[rd]←reg[rt] − reg[rs]
ADDU	0000	R（无符号加）	010	Reg[rd]←reg[rt] + reg[rs]
SUBU	0000	R（无符号减）	011	Reg[rd]←reg[rt] − reg[rs]
SGET	0000	R（大于等于置位）	100	If(reg[rt] >= reg[rs]) reg[rd]←1
AND	0000	R	101	Reg[rd]←reg[rt] and reg[rs]
OR	0000	R	110	Reg[rd]←reg[rt] or reg[rs]
NOT	0000	R	111	Reg[rd]←not reg[rs]
SW	0011	I（装入字）		Mem[imm + reg[rs]]←reg[rt]
LW	0100	I（保存字）		Reg[rt]←Mem[imm + reg[rs]]
ADDI	0101	I		Reg[rt]←reg[rs] + imm
SUBI	0110	I		Reg[rt]←reg[rs] − imm
BEQ	0111	I（相等时分支）		If(reg[rs] = reg[rt])PC←PC + 1 + imm
J	1100	J（跳转）		PC←PC&target

8.3.2 确定总体结构

1. 取指令和增加程序计数器值所需数据通路

取指令操作是每条指令的公共操作，具体完成从指令存储器取出指令，并计算出下一条指令地址的工作。

本过程需要的器件如下。
- 指令存储器（Instruction memory）：它用来存储所要执行的全部指令。
- 程序计数器（PC）：存储下一条将被执行指令的地址。由于是单周期 CPU，每个时钟周期执行一条指令，故每来一个时钟，PC 的值都要更新一次，PC 不需要写使能。
- 下地址逻辑：根据是顺序执行还是转移执行，决定是执行 PC+1，还是计算转移目标地址。

图 8-8 显示了这一步的数据通路。

2. R 类指令的数据通路

R 类指令所涉及的双操作数指令（包括 ADD、SUB、ADDU、SUBU、SGET、AND、OR）是对 rs 和 rt 的内容进行运算，运算结果存放在 rd 寄存器。R 类指令中包括的单操作数指令 not 是对 rs 的内容进行非运算，结果存放在 rd 寄存器。

图 8-9 显示了这一步的数据通路。通路中增加了 IR、寄存器组、ALU 及两个门电路。根据指令功能，IR 中的 rs 和 rt 两个源寄存器编号被接入寄存器组的两个输出地址端（Ra 和 Rb），IR 中的目的寄存器编号 rd 被接入寄存器组的输入地址 Rw 端。寄存器的输出数据连接 ALU 的运算数据输入端。ALU 能完成带符号数和无符号数的加减运算，与、或、非三种逻辑运算。

图 8-8 取指令和增加程序
计数器值的数据通路

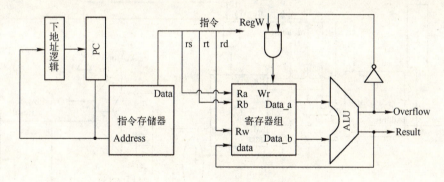

图 8-9 支持 R 类指令功能的数据通路

3. I 类运算指令的数据通路

I 类运算指令包括 ADDI 和 SUBI 两条指令，这两条指令用于实现 rs 的内容和立即数（需要进行符号位扩展）的加减运算，运算结果存放于 rt 寄存器中。数据通路如图 8-10 所示。与图 8-9 相比，数据通路有以下变动。

（1）增加位扩展逻辑器件。I 类指令格式中的 Imm 字段为 6 位，其能提供一个 6 位的立即数，而 ALU 完成的是 16 位数据的运算，因此，需要符号位扩展器件，实现从 6 位的带符号数到 16 位的带符号数的位扩展。

（2）ALU 输入端增加一个多路选择器。ALU 的一个输入端仍为 rs 的内容，另一个输入端为 16 位的带符号数。需要增加一个多路选择器，选择输入数据是 16 位的带符号数还是 rt 的内容。

（3）Rw 输入增加一个多路选择器。I 类指令的运算结果存放在 rt 寄存器，在图 8-9 的通路中，运算结果存放于 rd 中。在 Rw 输入端增加一个多路选择器，用于选择运算结果是存放在 rd

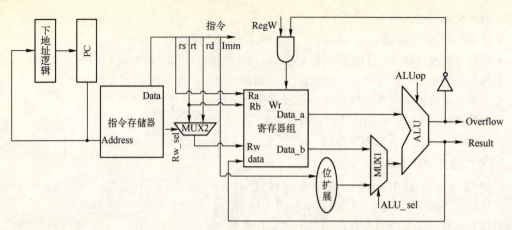

图 8-10 增加 I 类运算指令的数据通路

寄存器还是 rt 寄存器中。

4. LW、SW 指令的数据通路

LW 和 SW 指令也是 I 类指令,其实现过程为:立即数与 rs 的内容相加,求出访存地址,从该地址读出数据(或向该地址写入数据)。增加 LW 和 SW 指令的数据通路如图 8-11 所示。与如图 8-10 所示的数据通路相比,数据通路有了下列改变。

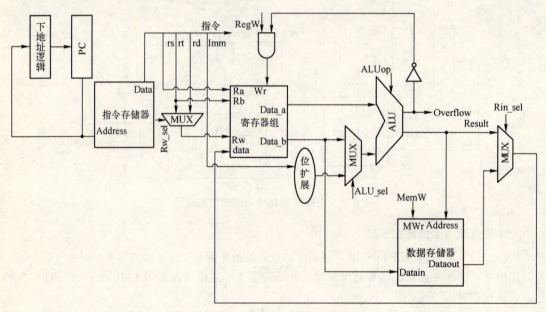

图 8-11 增加 LW、SW 指令的数据通路

(1) 增加数据存储器。因 LW 和 SW 指令是对数据存储器操作的,故增加数据存储器。

数据存储器的地址端(Address)接 ALU 的输出,因为 rs 的内容与立即数的运算结果为访存地址。

数据存储器的数据输入端接 Data_b,因为 SW 指令是将 rt 的内容写入存储器。

数据存储器的输出数据送入寄存器。

（2）增加多路选择器。ALU 的运算结果和数据存储器的输出都要送入寄存器组，利用多路选择器选择，将二者中的一个送入寄存器组。

5. 分支指令的数据通路

分支指令是 I 类指令，其根据不同的条件进行分支。本指令系统中包含的分支指令为 BEQ，具体功能是：当 rs 和 rt 中内容相等时，PC←PC + 1 + imm，当 rs 和 rt 中内容不相等时，PC←PC + 1。增加分支指令后的数据通路如图 8-12 所示。

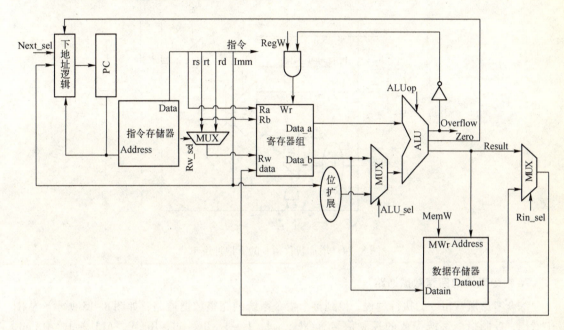

图 8-12 增加分支指令后的数据通路

图中，下地址逻辑是实现分支指令的关键。下地址逻辑的输入有 4 个，分别为立即数 imm、PC、Zero、Next_sel。根据 rs 内容与 rt 内容相减结果，设置是否为 0 的标志位 Zero，以判断是否转移。Next_sel 是控制器发出的控制信号，若当前指令为分支指令，则 Next_sel ='1'。

下地址逻辑的设计方案如图 8-13 所示。图中包括一个符号位扩展逻辑、一个多路选择器和一个加法器。符号位扩展逻辑实现输入立即数的符号位扩展，将 6 位的立即数扩展为 16 位的立即数。根据 ALU 输出的是否为零标志位 Zero 和控制器发出的 Next_sel 控制信号，决定选择将立即数输出还是将'0'输出。加法器能实现 PC + 1 或 PC + imm + 1，运算结果送往 PC。

6. 转移指令的数据通路

转移指令是 J 类指令，指令的低 12 位给出了转移的目标地址。指令功能是计算目标

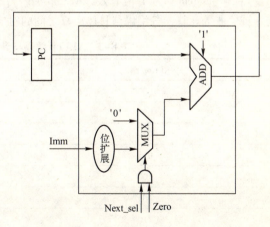

图 8-13 增加分支指令的下地址逻辑

地址，并将目标地址加载至 PC，目标地址的计算方法为 PC←PC［14 downto 12］&target［11 downto 0］。为实现转移指令的具体功能，需要在下地址逻辑中增加一些部件，在图 8-13 的基础上增加具体部件后，得到如图 8-14 所示的支持转移指令的下地址实现逻辑。在图 8-14 中，下地址逻辑的输入为 imm、target、PC、Zero、Next_sel、J_sel。J_sel 是控制器发出的控制信号，若当前指令为转移指令，则 J_sel ='1'。

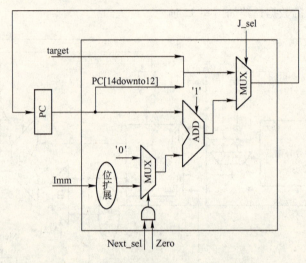

图 8-14　增加转移指令的下地址逻辑

7. 指令系统的完整数据通路

综合考虑所有指令的执行过程，得到整个指令系统的完整数据通路，如图 8-15 所示。从图中看出，控制指令系统完成的控制信号有 Next_sel、J_sel、Rw_sel、RegW、ALU_sel、ALUop、Rin_sel、MemW。寄存器组、PC 及数据存储器等连接时钟信号端。

Rw_sel ='0'选择 rd 输出，Rw_sel ='1'选择 rt 输出。

ALU_sel ='0'选择 Data_b 输出，ALU_sel ='1'选择位扩展结果输出。

Rin_sel ='0'选择 ALU 运算结果输出，ALU_sel ='1'选择数据存储器 Dataout 输出。

RegW 和 MemW 为'1'时有效，ALUop 编码为 3 位，分别对应带符号加减、无符号加减、逻辑与、或、非等运算，各编码与具体运算之间的对应关系如表 8-3 所示。

表 8-3　ALUop 编码与具体运算之间的对应关系

ALUop 编码	运　算
000	带符号加
001	带符号减
010	无符号加
011	无符号减
100	逻辑与
101	逻辑或
110	逻辑非

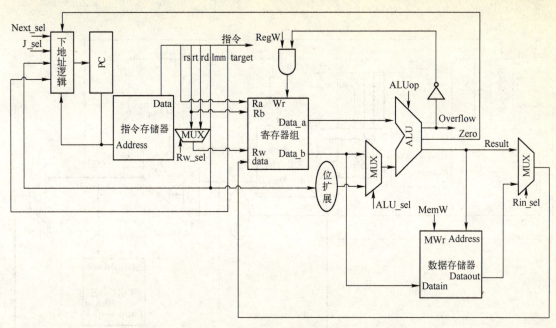

图 8-15 完整的数据通路

8.3.3 形成控制逻辑

控制逻辑的核心是指令译码器,译码器的输入是指令操作码 op(R 类指令还包括功能码 func),输出是控制信号。控制逻辑的设计分三步进行。

第一步,根据各类指令功能,列举其执行所需控制信号。

第二步,根据控制信号与指令及各种逻辑条件的关系,写出各控制信号的逻辑表达式。

第三步,根据逻辑表达式,画出逻辑电路图。

1. 列举各指令对应控制信号

1) R 类指令

R 类指令的执行过程为:reg[rt]→ALU,reg[rs]→ALU,ALU→Reg[rd]。

图 8-16 为 R 类指令的执行过程示意图,图中粗线描述的是 R 类指令的执行效果。从图中看出,为实现 R 类指令,各控制信号的取值如下:

> Next_sel ='0'
> J_sel ='0'
> Rw_sel ='0'
> RegW ='1'
> ALUop 根据指令的运算操作选择带符号加减、无符号加减、逻辑与、或、非对应编码。Rin_sel ='0'
> MemW ='0'
> ALU_sel ='0'

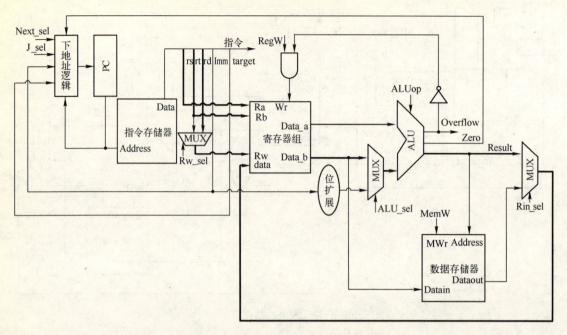

图 8-16 R 类指令的执行过程示意图

2)I 类运算指令

R 类指令的执行过程为:reg[rs]→ALU,imm→位扩展→ALU,ALU→Reg[rt]。

图 8-17 为 I 类运算指令的执行过程示意图,图中粗线描述的是 I 类运算指令的执行效果。从图中看出,为实现 I 类运算指令,各控制信号的取值如下:

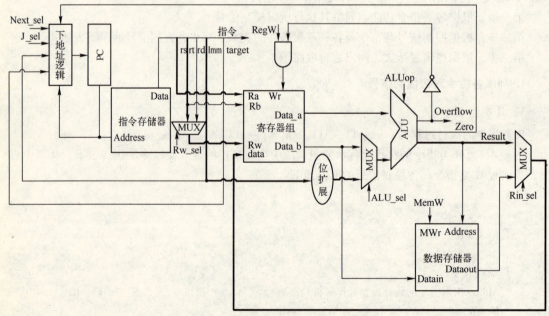

图 8-17 I 类运算指令的执行过程示意图

Next_sel ='0'
J_sel ='0'
Rw_sel ='1'
RegW ='1'
ALUop = "000"或"001"
Rin_sel ='0'
MemW ='0'
ALU_sel ='1'

3）LW/SW 指令

LW 指令的执行过程为：reg[rs]→ALU，imm→位扩展→ALU，ALU→Address，Dataout→reg[rt]。

图 8-18 为 LW 指令的执行过程示意图，图中粗线描述的是 LW 指令的执行效果。从图中看出，为实现 LW 指令，各控制信号的取值如下：

Next_sel ='0'
J_sel ='0'
Rw_sel ='1'
RegW ='1'
ALUop = "010"
Rin_sel ='1'
MemW ='0'
ALU_sel ='1'

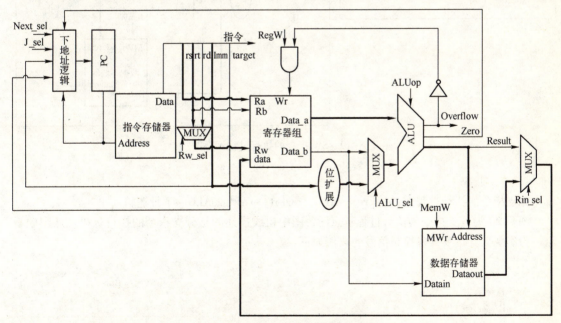

图 8-18　LW 指令的执行过程示意图

SW 指令的执行过程为：reg[rs]→ALU，imm→位扩展→ALU，ALU→Address，Data_b→Datain。

图 8-19 为 SW 指令的执行过程示意图,图中粗线描述的是 SW 指令的执行效果。从图中看出,为实现 SW 指令,各控制信号的取值如下:

>Next_sel ='0'
>J_sel ='0'
>Rw_sel ='0'
>RegW ='0'
>ALUop = "010"
>Rin_sel ='0'
>MemW ='1'
>ALU_sel ='1'

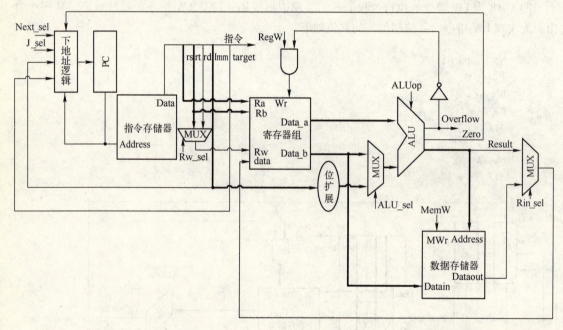

图 8-19　SW 指令的执行过程示意图

4) 分支指令

分支指令的执行过程为:reg[rs]→ALU,reg[rt]→ALU,ALU→下址逻辑。

图 8-20 为分支指令的执行过程示意图,图中粗线描述的是分支指令的执行效果。从图中看出,为实现分支指令,各控制信号的取值如下:

>Next_sel ='1'
>J_sel ='0'
>Rw_sel ='1'
>RegW ='0
>ALUop = "011"
>Rin_sel ='0'
>MemW ='0'
>ALU_sel ='0'

第 8 章 基本 CPU 设计

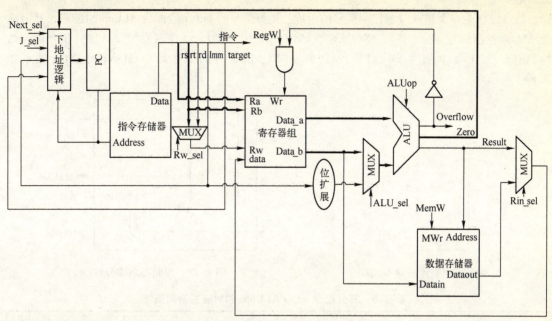

图 8-20 分支指令的执行过程示意图

5) 转移指令

转移指令的工作是修改 PC，完成工作的主要部件是下地址逻辑。

为实现转移指令，要求控制信号 Next_sel ='0'，J_sel ='1'，RegW ='0'，MemW ='0'。其余控制信号的取值任意。

综合以上分析，得到所有指令的控制信号取值，如表 8-4 所示。

表 8-4 指令对应控制信号列表

助记符 Op 控制 Fun 信号	ADD 0000 000	SUB 0000 001	ADDU 0000 010	SUBU 0000 011	SGET 0000 100	AND 0000 101	OR 0000 110	NOT 0000 111	SW 0011 无	LW 0100 无	ADDI 0101 无	SUBI 0110 无	BEQ 0111 无	J 1100 无
Next_sel	0	0	0	0	0	0	0	0	0	0	0	0	1	0
J_sel	0	0	0	0	0	0	0	0	0	0	0	0	0	1
Rw_sel	0	0	0	0	0	0	0	0	1	1	1	1	×	×
RegW	1	1	1	1	1	1	1	1	0	1	1	1	0	0
ALUop	000	001	010	011	100	101	110	111	010	010	000	001	011	×
Rin_sel	0	0	0	0	0	0	0	0	0	1	0	0	0	×
MemW	0	0	0	0	0	0	0	0	1	0	0	0	0	0
ALU_sel	0	0	0	0	0	0	0	0	1	1	1	1	0	×

2. 设计控制器

根据指令对应控制信号列表，设计控制器。控制器发出控制信号控制各执行部件工作，从外部看，控制器的输入/输出如图 8-21 所示。

由表 8-4 可以看出，若为 R 类指令，除了 ALUop 信号外，其执行所需的其他控制信号都一样,故可以作为一个整体考虑控制信号的生成。R 类指令的 fun 字段即为 ALUop 的编码,其余涉及 ALUop 控制信号的指令还有 SW、LW、ADDI、SUBI、BEQ。将控制器的设计进一步分解,结构如图 8-22 所示。指令 SW、LW、ADDI、SUBI、BEQ 等的操作码与 ALUops 的对应关系如表 8-5 所示。

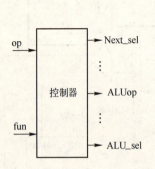

图 8-21 控制器的输入/输出

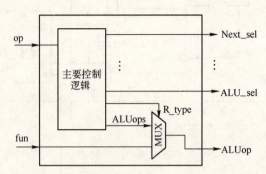

图 8-22 控制器结构分解

表 8-5 部分指令 op 与 ALUops 的对应关系列表

指令助记符 op	SW 0011	LW 0100	ADDI 0101	SUBI 0110	BEQ 0111
ALUops	000	000	000	001	011

根据表 8-4 和表 8-5 可以得到各控制信号生成的逻辑表达式,如

$$\text{Next\_sel} = \overline{\text{op}(3)}\,\text{op}(2)\,\overline{\text{op}(1)}\,\overline{\text{op}(0)}$$

$$\text{J\_sel} = \text{op}(3)\,\text{op}(2)\,\overline{\text{op}(1)}\,\overline{\text{op}(0)}$$

$$\text{Rw\_sel} = \overline{\text{op}(3)}\,\text{op}(2)\,\overline{\text{op}(1)}\,\overline{\text{op}(0)}$$

$$+ \overline{\text{op}(3)}\,\text{op}(2)\,\overline{\text{op}(1)}\,\text{op}(0)$$

$$+ \overline{\text{op}(3)}\,\text{op}(2)\,\text{op}(1)\,\text{op}(0)$$

$$+ \overline{\text{op}(3)}\,\text{op}(2)\,\text{op}(1)\,\overline{\text{op}(0)}$$

……

可以对以上的逻辑表达式进行化简,用逻辑器件实现。也可以用 PLA 电路实现,部分主要控制逻辑电路如图 8-23 所示。

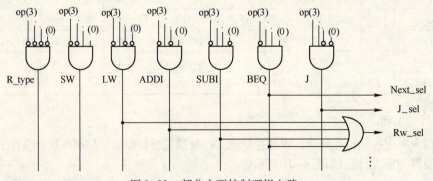

图 8-23 部分主要控制逻辑电路

8.4 16位变长指令集的多周期 CPU 设计

8.4.1 指令系统设计

该指令系统采用变长指令格式,指令集能实现子程序调用,完成各种算术逻辑运算等功能。指令的高 8 位为操作码,低 8 位为操作数地址。指令的寻址方式依靠操作码说明,支持多种寻址方式。例如:立即数寻址、寄存器寻址、寄存器间接寻址、直接寻址、偏移寻址等寻址方式。

指令集的具体描述如表 8-6、表 8-7、表 8-8、表 8-9 所示。

注:下列表格中 SR 为源寄存器编号(4 位),DR 为目的寄存器编号(4 位),adr 为存储单元地址,imm 为立即数。

表 8-6 数据传送类指令

指令助记符	机 器 码	操 作	备 注
Load DR,(SR)	000000wwxxxxyyyy	DR←(SR)	将主存里的数读入到目的寄存器中
Store(DR),SR	000001wwxxxxyyyy	[DR]←SR	将寄存器里的数写入到主存中
Mov1 DR,imm	000010wwxxxxwwww iiiiiiiiiiiiiiii	DR←imm	十六位的立即数在指令的下一存储单元中
Mov2 DR,SR	000011wwxxxxyyyy	DR←SR	源寄存器的数据送往目的寄存器
Mov3 DR,X(SR)	000100wwxxxxyyyy dddddddddddddddd	DR←[SR+D]	SR 为基址寄存器,形式地址 D 在指令的下一存储单元中
Mov4 X(DR),SR	000101wwxxxxyyyy dddddddddddddddd	[DR+D]←SR	DR 为基址寄存器,形式地址 D 在指令的下一存储单元中
Mov5 DR,(SR)+	000110wwxxxxyyyy	DR←[SR] SR←SR+1	将主存里的数读入到寄存器中,SR 中的内容加 1
PushSR	011001wwwwwwyyyy	SP←SP-1 [SP]←SR	源寄存器的数据入栈
Pop DR	011010wwxxxxwwww	DR←[SP] SP←SP+1	出栈,数据送入目的寄存器

表 8-7 算术逻辑运算指令

指令助记符	机 器 码	操 作	备 注
Add1 DR,SR	000111wwxxxxyyyy	DR←DR+SR	
Add2 DR,(SR)	001000wwxxxxyyyy	DR←DR+[SR]	
Sub1 DR,SR	001001wwxxxxyyyy	DR←DR-SR	
Sub2 DR,(SR)	001010wwxxxxyyyy	DR←DR-[SR]	
And DR,SR	001011wwxxxxyyyy	DR←DR and SR	
Or DR,SR	001100wwxxxxyyyy	DR←DR or SR	
Xor DR,SR	001101wwxxxxyyyy	DR←DR xor SR	
Cmp1 DR,SR	001110wwxxxxyyyy	DR-SR	进行减法操作(影响标志位),DR 值不变
Cmp2 DR,imm	001111wwxxxxwwww iiiiiiiiiiiiiiii	DR-imm	寄存器中数据与 imm 比较,imm 在指令紧接的下一内存中

续表

指令助记符	机器码	操　　作	备　　注
Chan DR,SR	010000wwxxxxyyyy	DR⟵⟶SR	交换 DR 与 SR 中的数据
Inc DR	010101wwxxxxwwww	DR←DR+1	
Dec DR	010110wwxxxxwwww	DR←DR-1	
Neg DR	010111wwxxxxwwww	DR←DR 补	
Com DR	011000wwxxxxwwww	DR←$\overline{DR}$	

表 8-8　移位指令

指令助记符	机器码	操　　作	备　　注
SL DR,imm	010001wwxxxxiiii	DR←DR 左移 imm 位	左移 imm 位
SR DR,imm	010010wwxxxxiiii	DR←DR 右移 imm 位	右移 imm 位
ROL DR,imm	010011wwxxxxiiii	DR←DR 循环左移 imm 位	循环左移 imm 位
ROR DR,imm	010100wwxxxxiiii	DR←DR 循环右移 imm 位	循环右移 imm 位

表 8-9　程序控制指令

指令助记符	机器码	操　　作	备　　注
Jmp X(PC)	011011xxxxxxxxxx	PC←PC+D	无条件转移
Jz X(PC)	011100xxxxxxxxxx	PC←PC+D	当结果为 0 时转移
Js X(PC)	011101xxxxxxxxxx	PC←PC+D	当结果为负数时转移
Jc X(PC)	011110xxxxxxxxxx	PC←PC+D	当结果有进位时转移
Jo X(PC)	011111xxxxxxxxxx	PC←PC+D	当结果有溢出时转移
Jsr X(PC)	100000xxxxxxxxxx	SP←SP-1　[SP]←PC PC←PC+D	转子时，将返回地址压栈保存
Ret	100010wwwwwwwwww	PC←[SP]　SP←SP+1	返回指令，出栈

8.4.2　构建数据通路

本数据通路的构建采用非总线型多周期的设计方案。

1. 取指和增加程序计数器值所需通路

本过程需要的器件如下。

- 内存（memory）：用来存储指令和数据，按字编址。假定所用的存储器是理想存储器。该理想存储器有一个 16 位数据输入端 datain；一个 16 位数据输出端 dataout；一个公用的地址输入端 addr。该理想存储器的读操作是组合逻辑操作，即在地址 addr 有效后，经过一个"取数时间"，数据输出端 Dataout 上数据有效；写操作是时序逻辑操作，在写信号有效的情况下，当时钟 clk 边沿到来时，Datain 开始写入存储单元。
- 程序计数器（PC），存储下一条将被执行指令的地址。
- 加法器（Add），用于使程序计数器的值指向下一条指令。
- 指令寄存器（IR），用于存放当前执行的指令。

运行任何一条指令，都必须由从内存中获取这条指令开始。为了做好运行下一条指令的准备，还必须增加程序计数器的值，使其指向下一条指令。图 8-24 显示了这一步的数据通路。

2. 访存指令（Load DR,(SR)；Store(DR),SR）所需通路

本过程需要增加的器件如下。
- 寄存器组（register set）：用来存储数据，采用 16×16 的结构。寄存器组有两个地址输入端、一个数据输入端、两个数据输出端。
- 程序计数器（PC），存储下一条将被执行指令的地址。
- 多路选择器（MUX），用于选择一个地址送入主存的地址端。

图 8-25 显示了这一步的数据通路。

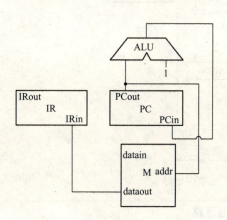

图 8-24　取指和增加程序计数器
　　　　　值的数据通路

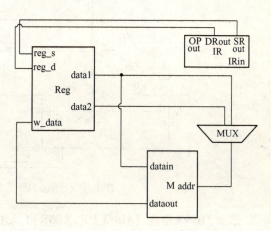

图 8-25　访存指令（Load DR,[SR]；
　　　　　Store [DR],SR）的数据通路

3. 合并 1 和 2 得到的数据通路

合并 1 和 2 得到的数据通路，如图 8-26 所示。

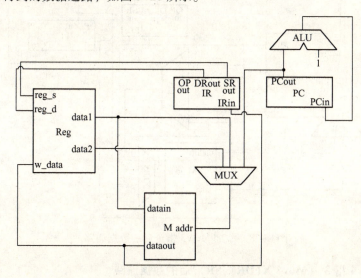

图 8-26　合并 1 和 2 得到的数据通路

指令 Mov1 DR, imm 能在如图 8-26 所示的通路中完成相应功能。

4. 添加 MOV2 指令（Mov2 DR,SR）后的数据通路

本过程需要再增加一个多路数据选择器（MUX），用于选择寄存器组的写入数据。图 8-27 显示了这一步的数据通路。

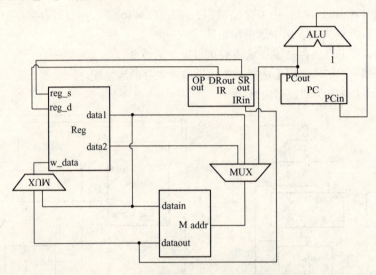

图 8-27　添加 MOV2 指令后的数据通路

5. 添加 MOV3 指令（Mov3 DR,X(SR)）后的数据通路

本过程需要再增加一个多功能算术逻辑运算单元（ALU），其可进行多功能的算术逻辑运算。图 8-28 显示了这一步的数据通路。

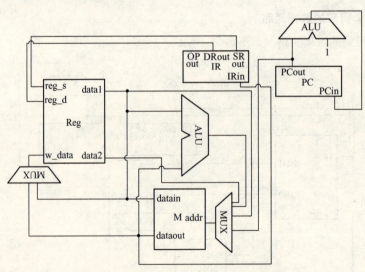

图 8-28　添加 MOV3 指令后的数据通路

6. 添加 MOV4 指令（Mov4 X(DR),SR）后的数据通路

本过程需要增加两个多路数据选择器（MUX），用于对 ALU 的两个输入数据进行选择。

图 8-29 显示了这一步的数据通路。

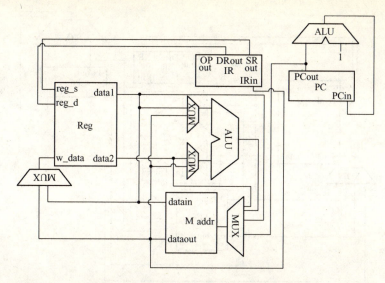

图 8-29　添加 MOV4 指令后的数据通路

7. 添加 MOV5 指令（Mov5 DR,(SR)+）后的数据通路

图 8-30 显示了这一步的数据通路。

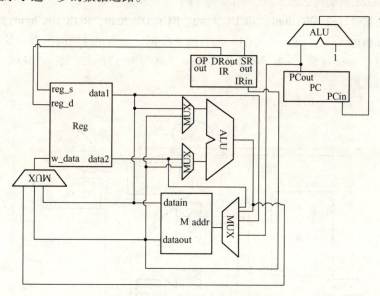

图 8-30　添加 MOV5 指令后的数据通路

8. 添加算术逻辑运算指令（Add1 DR,SR；Sub1 DR,SR；And DR,SR；Or DR,SR；Xor DR,SR；Cmp1 DR,SR；Inc DR；Dec DR；Neg DR；Com DR）后的数据通路

分析得到，本过程需要增加一个 16 位的程序状态字寄存器（PSW），PSW 中包括 4 个有效的标志位，分别为第 0 位 F_C（结果是否有进位）、第 1 位 F_Z（结果是否为零）、第 2 位 F_S（结果是否为负）、第 3 位 F_O（结果是否有溢出）。其余 12 位可用于功能扩展。

图 8-31 显示了这一步的数据通路。

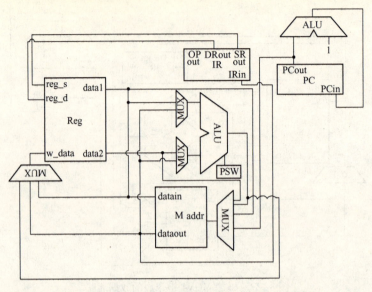

图 8-31 添加部分算术逻辑运算指令后的数据通路

指令 Add2 DR,(SR)、Sub2 DR,(SR)、Cmp2 DR,imm、SL DR,imm、SR DR,imm、ROL DR,imm、ROR DR,imm 都能在如图 8-31 所示的通路中完成相应功能。

9. 添加移位指令（SL DR,imm；SR DR,imm；ROL DR,imm；ROR DR,imm）后的数据通路

设移位运算也由 ALU 完成，送入 ALU 的有两个数据，分别是移位的数据对象（由 DR 提供）和移位的位数（由 imm 提供）。为了将 4 位的 imm 扩展为 16 位的数据送入 ALU，需要增加一个器件——位扩展逻辑。

图 8-32 显示了这一步的数据通路。

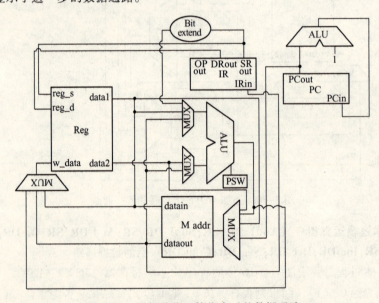

图 8-32 添加移位运算指令后的数据通路

10. 添加交换指令（Chan DR,SR）后的数据通路

为了方便交换数据，添加缓冲器 C。添加变换指令后的数据通路如图 8-33 所示。

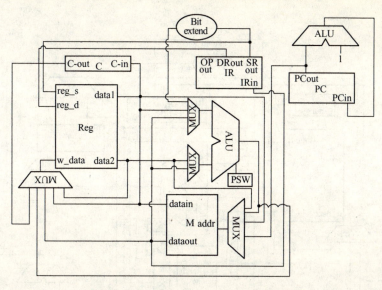

图 8-33　添加交换指令后的数据通路

11. 添加转移指令（Jmp X(PC); Jz X(PC); Js X(PC); Jc X(PC); Jo X(PC)）后的数据通路

为了将 10 位的形式地址扩展为 16 位的数据送入 ALU，需要增加一个器件——符号位扩展逻辑。添加转移指令后的数据通路如图 8-34 所示。

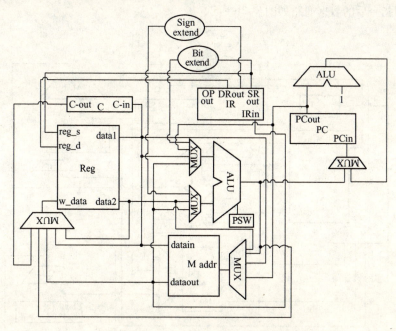

图 8-34　添加转移指令后的数据通路

12. 添加转子指令（Jsr X(PC)）后的数据通路

为了将断点地址压栈保存，需要设置栈顶指针（SP）。添加转子指令后的数据通路如图 8-35 所示。

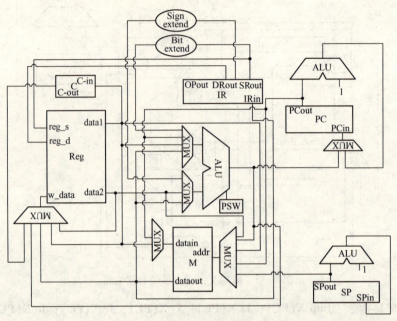

图 8-35　添加转子指令后的数据通路

13. 添加返回指令（Ret）后的数据通路

添加返回指令后的数据通路如图 8-36 所示。

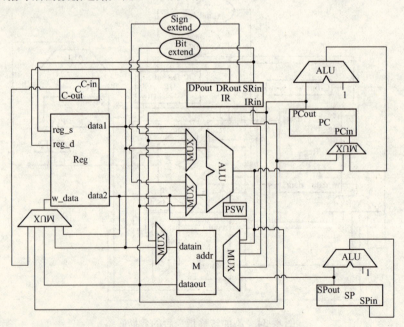

图 8-36　添加返回指令后的数据通路

指令 Push SR、Pop DR 能在如图 8-36 所示的通路中完成相应功能。

14. 设置微命令

为每个执行部件添加控制信号，得到的数据通路如图 8-37 所示。

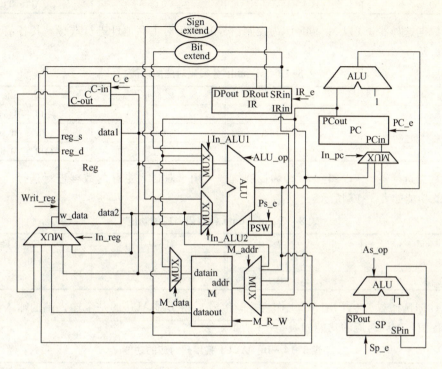

图 8-37 添加控制信号后的数据通路

其中，所有的寄存器还都存在输入时钟信号（clock）和复位信号（reset），主存有输入时钟信号（clock）。

各器件控制信号的编码对应功能如下。

（1）ALU_op 的各个操作控制信号编码对应的功能如表 8-10 所示。

表 8-10 ALU_op 各编码对应的功能

ALU_op	功　能	ALU_op	功　能
0000	无操作	1000	sl
0001	add	1001	sr
0010	sub,cmp	1010	rol
0011	and	1011	ror
0100	or	1100	neg
0101	xor	1101	com
0110	inc	1111	SR 自加 1
0111	dec		

（2）数据选择器 1（以 In_pc 作为控制信号）用于对 PC 的输入进行选择。其各信号编码对应的功能如表 8-11 所示。

表 8-11 In_pc 各编码对应的功能

In_pc	功能	In_pc	功能
00	无操作	10	(SP)→PC
01	(PC)+1→PC	11	ALU→PC

（3）数据选择器 2（以 M_addr 作为控制信号）用于对主存地址进行选择。其各信号编码对应的功能如表 8-12 所示。

表 8-12 M_addr 各编码对应的功能

M_addr	功能	M_addr	功能
000	无操作	011	ALU→M_addr
001	(PC)→M_addr	100	(SR)→M_addr
010	(SP)→M_addr	101	(DR)→M_addr

（4）数据选择器 3（以 M_data 作为控制信号）用于对送入主存的数据进行选择。其各信号编码对应的功能如表 8-13 所示。

表 8-13 M_data 各编码对应的功能

M_data	功能	M_data	功能
00	无操作	10	(SR)→M
01	(PC)→M		

（5）数据选择器 4（以 In_ALU1 作为控制信号）用于对 ALU 的一个输入端的输入数据进行选择。其各信号编码对应的功能如表 8-14 所示。

表 8-14 In_ALU1 各编码对应的功能

In_ALU1	功能	In_ALU1	功能
000	无操作	011	imm→ALU
001	(PC)→ALU	100	(M)→ALU
010	(SR)→ALU		

（6）数据选择器 5（以 In_ALU2 作为控制信号）用于对 ALU 的另一输入端的输入数据进行选择。其各信号编码对应的功能如表 8-15 所示。

表 8-15 In_ALU2 各编码对应的功能

In_ALU2	功能	In_ALU2	功能
00	无操作	10	(DR)→ALU
01	(M)→ALU	11	Offset→ALU

（7）数据选择器 6（以 In_reg 作为控制信号）用于对送入寄存器组的数据进行选择。其各信号编码对应的功能如表 8-16 所示。

表 8-16 In_reg 各编码对应的功能

In_reg	功能	In_reg	功能
000	无操作	011	ALU→reg
001	(C)→reg	100	(SR)→reg
010	(M)→reg	101	(DR)→reg

（8）As_op 控制信号用于对 SP 的运算进行选择控制，其编码对应的功能如表 8-17 所示。

表 8-17 As_op 各编码对应的功能

As_op	功　能	As_op	功　能
00	无操作	10	SP − 1→SP
01	SP + 1→SP		

（9）Writ_reg 控制信号用于对寄存器的写入操作进行选择控制，其编码对应的功能如表 8-18 所示。

表 8-18 Writ_reg 各编码对应的功能

Writ_reg	功　能	Writ_reg	功　能
00	无操作	10	向 DR 中写入
01	向 SR 中写入		

（10）剩余的信号量 PC_e、Sp_e、Ps_e、C_e、IR_e 都为'1'时有效，'0'时无效，M_R_W 为'1'时向内存中写，'0'时向内存中读。

8.4.3 设计状态转换图

对于多周期的 CPU 设计，本步操作需要经历三个阶段，分别为拟定指令流程和微命令序列、合并状态、画出状态转换图。

首先，拟定指令流程，并写出微命令序列。

各指令的指令流程如下。

（1）Load DR,(SR) 的指令流程和微命令序列如表 8-19 所示。

表 8-19 Load DR,(SR) 的指令流程和微命令序列

$S_{取指}$	$S_{译码}$	S_{Load}
M_{addr}←PC　IR←M_{data}　PC←PC + 1	译码	M_{addr}←SR　DR←M_{data}
M_addr = "001"　IR_e = '1'　PC_e = '1'　In_pc = "01"	M_addr = "000"　IR_e = '0'　PC_e = '0'　In_pc = "00"	M_addr = "100"　In_reg = "010"　Writ_reg = "10"

（2）Store (DR),SR 的指令流程和微命令序列如表 8-20 所示。

表 8-20 Store (DR),SR 的指令流程和微命令序列

$S_{取指}$	$S_{译码}$	S_{Store}
M_{addr}←PC　IR←M_{data}　PC←PC + 1	译码	M_{addr}←DR　M_{data}←SR
M_addr = "001"　IR_e = '1'　PC_e = '1'　In_pc = "01"	M_addr = "000"　IR_e = '0'　PC_e = '0'　In_pc = "00"	M_addr = "101"　M_R_W = '1'　M_data = "10"

（3）Movl DR，imm 的指令流程和微命令序列如表 8-21 所示。

表 8-21 Movl DR，imm 的指令流程和微命令序列

$S_{取指}$	$S_{译码}$	S_{Movl}
M_{addr}←PC　IR←M_{data}　PC←PC + 1	译码	M_{addr}←PC　DR←M_{data}　PC←PC + 1
M_addr = "001"　IR_e = '1'　PC_e = '1'　In_pc = "01"	M_addr = "000"　IR_e = '0'　PC_e = '0'　In_pc = "00"	M_addr = "001"　In_reg = "010"　Writ_reg = "10"　PC_e = '1'　In_pc = "01"

(4) Mov2 DR, SR 的指令流程和微命令序列如表 8-22 所示。

表 8-22 Mov2 DR, SR 的指令流程和微命令序列

$S_{取指}$	$S_{译码}$	S_{Mov2}
$M\_addr \leftarrow PC$ $IR \leftarrow M\_data$ $PC \leftarrow PC+1$	译码	$DR \leftarrow SR$
M_addr = "001" IR_e = '1' PC_e = '1' In_pc = "01"	M_addr = "000" IR_e = '0' PC_e = '0' In_pc = "00"	In_reg = "100" Writ_reg = "10"

(5) Mov3 DR, X(SR) 的指令流程和微命令序列如表 8-23 所示。

表 8-23 Mov3 DR, X(SR) 的指令流程和微命令序列

$S_{取指}$	$S_{译码}$	$S_{x(SR)}$	S_{Mov3}
$M\_addr \leftarrow PC$ $IR \leftarrow M\_data$ $PC \leftarrow PC+1$	译码	$M\_addr \leftarrow PC$ $ALU \leftarrow M\_data$ $ALU \leftarrow SR$ $PC \leftarrow PC+1$	$M\_addr \leftarrow SR+D$ $DR \leftarrow M\_data$
M_addr = "001" IR_e = '1' PC_e = '1' In_pc = "01"	M_addr = "000" IR_e = '0' PC_e = '0' In_pc = "00"	M_addr = "001" In_ALU2 = "01" In_ALU1 = "010" ALU_op = "0001" PC_e = '1' In_pc = "01"	M_addr = "011" In_reg = "010" Writ_reg = "10"

(6) Mov4 X(DR), SR 的指令流程和微命令序列如表 8-24 所示。

表 8-24 Mov4 X(DR), SR 的指令流程和微命令序列

$S_{取指}$	$S_{译码}$	$S_{x(DR)}$	S_{Mov4}
$M\_addr \leftarrow PC$ $IR \leftarrow M\_data$ $PC \leftarrow PC+1$	译码	$M\_addr \leftarrow PC$ $ALU \leftarrow M\_data$ $ALU \leftarrow DR$ $PC \leftarrow PC+1$	$M\_addr \leftarrow DR+D$ $M\_data \leftarrow SR$
M_addr = "001" IR_e = '1' PC_e = '1' In_pc = "01"	M_addr = "000" IR_e = '0' PC_e = '0' In_pc = "00"	M_addr = "001" In_ALU2 = "10" ALU_op = "0001" In_ALU1 = "100" PC_e = '1' In_pc = "01"	M_addr = "011" M_R_W = '1' M_data = "10"

(7) Mov5 DR, (SR)+ 的指令流程和微命令序列如表 8-25 所示。

表 8-25 Mov5 DR, (SR)+ 的指令流程和微命令序列

$S_{取指}$	$S_{译码}$	S_{mov51}	S_{Mov52}
$M\_addr \leftarrow PC$ $IR \leftarrow M\_data$ $PC \leftarrow PC+1$	译码	$M\_addr \leftarrow SR$ $DR \leftarrow M\_data$	$SR \leftarrow SR+1$
M_addr = "001" IR_e = '1' PC_e = '1' In_pc = "01"	M_addr = "000" IR_e = '0' PC_e = '0' In_pc = "00"	M_addr = "100" In_reg = "010" Writ_reg = "10"	In_ALU1 = "010" ALU_op = "1111" In_reg = "011" Writ_reg = "01"

(8) Add1 DR, SR 的指令流程和微命令序列如表 8-26 所示。

表 8-26 Add1 DR, SR 的指令流程和微命令序列

$S_{取指}$	$S_{译码}$	S_{Add1}
$M\_addr \leftarrow PC$ $IR \leftarrow M\_data$ $PC \leftarrow PC+1$	译码	$ALU \leftarrow SR$ $ALU \leftarrow DR$ $DR \leftarrow SR+DR$
M_addr = "001" IR_e = '1' PC_e = '1' In_pc = "01"	M_addr = "000" IR_e = '0' PC_e = '0' In_pc = "00"	In_ALU2 = "10" In_ALU1 = "010" ALU_op = "0001" Ps_e = '1' In_reg = "011" Writ_reg = "10"

(9) Add2 DR,(SR) 的指令流程和微命令序列如表 8-27 所示。

表 8-27 Add2 DR,(SR) 的指令流程和微命令序列

$S_{取指}$	$S_{译码}$	S_{Add2}
$M_{addr} \leftarrow PC$ $IR \leftarrow M_{data}$ $PC \leftarrow PC+1$	译码	$M_{addr} \leftarrow SR$ $ALU \leftarrow M_{data}$ $ALU \leftarrow DR$ $DR \leftarrow DR + M_{data}$
M_addr = "001" IR_e = '1' PC_e = '1' In_pc = "01"	M_addr = "000" IR_e = '0' PC_e = '0' In_pc = "00"	M_addr = "100" In_ALU1 = "100" In_ALU2 = "10" ALU_op = "0001" Ps_e = '1' In_reg = "011" Writ_reg = "10"

(10) Sub1 DR,SR 的指令流程和微命令序列如表 8-28 所示。

表 8-28 Sub1 DR,SR 的指令流程和微命令序列

$S_{取指}$	$S_{译码}$	S_{Sub1}
$M_{addr} \leftarrow PC$ $IR \leftarrow M_{data}$ $PC \leftarrow PC+1$	译码	$ALU \leftarrow SR$ $ALU \leftarrow DR$ $DR \leftarrow SR - DR$
M_addr = "001" IR_e = '1' PC_e = '1' In_pc = "01"	M_addr = "000" IR_e = '0' PC_e = '0' In_pc = "00"	In_ALU2 = "10" In_ALU1 = "010" ALU_op = "0010" Ps_e = '1' In_reg = "011" Writ_reg = "10"

(11) Sub2 DR,(SR) 的指令流程和微命令序列如表 8-29 所示。

表 8-29 Sub2 DR,(SR) 的指令流程和微命令序列

$S_{取指}$	$S_{译码}$	S_{Sub2}
$M_{addr} \leftarrow PC$ $IR \leftarrow M_{data}$ $PC \leftarrow PC+1$	译码	$M_{addr} \leftarrow SR$ $ALU \leftarrow M_{data}$ $ALU \leftarrow DR$ $DR \leftarrow DR - M_{data}$
M_addr = "001" IR_e = '1' PC_e = '1' In_pc = "01"	M_addr = "000" IR_e = '0' PC_e = '0' In_pc = "00"	M_addr = "100" In_ALU1 = "100" In_ALU2 = "10" ALU_op = "0010" Ps_e = '1' In_reg = "011" Writ_reg = "10"

注意：观察 Add1 指令和 Add2 指令流程及 Sub1 和 Sub2 指令流程，可以看出 Add1 与 Add2 的各项存在都可以在两个周期完成，同样，Sub1 和 Sub2 也是分别在两个周期完成工作，似乎寄存器间址方式并不存在速度慢的特点。但读者要清醒地认识，这里的存储器是理想的存储器，其读操作是组合逻辑操作，即在地址 addr 有效后，经过一个"取数时间"，数据输出端 Dataout 上数据有效，这与实际中的主存工作过程是不一样的。

(12) And DR,SR 的指令流程和微命令序列如表 8-30 所示。

表 8-30 And DR,SR 的指令流程和微命令序列

$S_{取指}$	$S_{译码}$	S_{And}
$M_{addr} \leftarrow PC$ $IR \leftarrow M_{data}$ $PC \leftarrow PC+1$	译码	$ALU \leftarrow SR$ $ALU \leftarrow DR$ $DR \leftarrow SR \text{ and } DR$
M_addr = "001" IR_e = '1' PC_e = '1' In_pc = "01"	M_addr = "000" IR_e = '0' PC_e = '0' In_pc = "00"	In_ALU2 = "10" In_ALU1 = "010" ALU_op = "0011" Ps_e = '1' In_reg = "011" Writ_reg = "10"

(13) Or DR,SR 的指令流程和微命令序列如表 8-31 所示。

表 8-31　Or DR, SR 的指令流程和微命令序列

$S_{取指}$	$S_{译码}$	S_{Or}
$M_{addr}\leftarrow PC$　$IR\leftarrow M_{data}$　$PC\leftarrow PC+1$	译码	$ALU\leftarrow SR$　$ALU\leftarrow DR$　$DR\leftarrow SR\ or\ DR$
M_addr = "001"　IR_e = '1' PC_e = '1'　In_pc = "01"	M_addr = "000"　IR_e = '0'　PC_e = '0'　In_pc = "00"	In_ALU2 = "10"　In_ALU1 = "010"　ALU_op = "0100"　Ps_e = '1'　In_reg = "011"　Writ_reg = "10"

（14）Xor DR, SR 的指令流程和微命令序列如表 8-32 所示。

表 8-32　Xor DR, SR 的指令流程和微命令序列

$S_{取指}$	$S_{译码}$	S_{Xor}
$M_{addr}\leftarrow PC$　$IR\leftarrow M_{data}$　$PC\leftarrow PC+1$	译码	$ALU\leftarrow SR$　$ALU\leftarrow DR$　$DR\leftarrow SR\ xor\ DR$
M_addr = "001"　IR_e = '1'　PC_e = '1'　In_pc = "01"	M_addr = "000"　IR_e = '0'　PC_e = '0'　In_pc = "00"	In_ALU2 = "10"　In_ALU1 = "010"　ALU_op = "0101"　Ps_e = '1'　In_reg = "011"　Writ_reg = "10"

（15）Cmp1 DR, SR 的指令流程和微命令序列如表 8-33 所示。

表 8-33　Cmp1 DR, SR 的指令流程和微命令序列

$S_{取指}$	$S_{译码}$	S_{Cmp1}
$M_{addr}\leftarrow PC$　$IR\leftarrow M_{data}$　$PC\leftarrow PC+1$	译码	$ALU\leftarrow SR$　$ALU\leftarrow DR$　$SR-DR$
M_addr = "001"　IR_e = '1' PC_e = '1'　In_pc = "01"	M_addr = "000"　IR_e = '0'　PC_e = '0'　In_pc = "00"	In_ALU2 = "10"　In_ALU1 = "010"　ALU_op = "0010"　Ps_e = '1'

（16）Cmp2 DR, imm 的指令流程和微命令序列如表 8-34 所示。

表 8-34　Cmp2 DR, imm 的指令流程和微命令序列

$S_{取指}$	$S_{译码}$	S_{Cmp2}
$M_{addr}\leftarrow PC$　$IR\leftarrow M_{data}$　$PC\leftarrow PC+1$	译码	$M_{addr}\leftarrow PC$　$ALU\leftarrow M_{data}$　$ALU\leftarrow DR$　$DR-M_{data}$　$PC\leftarrow PC+1$
M_addr = "001"　IR_e = '1'　PC_e = '1'　In_pc = "01"	M_addr = "000"　IR_e = '0'　PC_e = '0'　In_pc = "00"	M_addr = "001"　In_ALU1 = "100"　In_ALU2 = "10"　ALU_op = "0010"　Ps_e = '1'　PC_e = '1'　In_pc = "01"

（17）Chan DS, SR 的指令流程和微命令序列如表 8-35 所示。

表 8-35　Chan DS, SR 的指令流程和微命令序列

$S_{取指}$	$S_{译码}$	S_{Chan1}	S_{Chan2}
$M_{addr}\leftarrow PC$　$IR\leftarrow M_{data}$　$PC\leftarrow PC+1$	译码	$C\leftarrow SR$　$SR\leftarrow DR$	$DR\leftarrow C$
M_addr = "001"　IR_e = '1'　PC_e = '1'　In_pc = "01"	M_addr = "000"　IR_e = '0'　PC_e = '0'　In_pc = "00"	C_e = '1'　In_reg = "101"　Writ_reg = "01"	In_reg = "001"　Writ_reg = "10"

(18) SL DR, imm 的指令流程和微命令序列如表 8-36 所示。

表 8-36　SL DR, imm 的指令流程和微命令序列

$S_{取指}$	$S_{译码}$	S_{SL}
$M_{addr} \leftarrow PC$　$IR \leftarrow M_{data}$ $PC \leftarrow PC + 1$	译码	$ALU \leftarrow DR$　$ALU \leftarrow imm$ $DR \leftarrow DR$ 左移 imm 位
M_addr = "001"　IR_e = '1' PC_e = '1'　In_pc = "01"	M_addr = "000"　IR_e = '0' PC_e = '0'　In_pc = "00"	In_ALU2 = "10"　In_ALU1 = "011" ALU_op = "1000"　Ps_e = '1' In_reg = "011"　Writ_reg = "10"

(19) SR DR, imm 的指令流程和微命令序列如表 8-37 所示。

表 8-37　SR DR, imm 的指令流程和微命令序列

$S_{取指}$	$S_{译码}$	S_{SR}
$M_{addr} \leftarrow PC$　$IR \leftarrow M_{data}$ $PC \leftarrow PC + 1$	译码	$ALU \leftarrow DR$　$ALU \leftarrow imm$ $DR \leftarrow DR$ 右移 imm 位
M_addr = "001"　IR_e = '1' PC_e = '1'　In_pc = "01"	M_addr = "000"　IR_e = '0' PC_e = '0'　In_pc = "00"	In_ALU2 = "10"　In_ALU1 = "011"　ALU_op = "1001" Ps_e = '1'　In_reg = "011"　Writ_reg = "10"

(20) ROL DR, imm 的指令流程和微命令序列如表 8-38 所示。

表 8-38　ROL DR, imm 的指令流程和微命令序列

$S_{取指}$	$S_{译码}$	S_{ROL}
$M_{addr} \leftarrow PC$　$IR \leftarrow M_{data}$ $PC \leftarrow PC + 1$	译码	$ALU \leftarrow DR$　$ALU \leftarrow imm$ $DR \leftarrow DR$ 循环左移 imm 位
M_addr = "001"　IR_e = '1' PC_e = '1'　In_pc = "01"	M_addr = "000"　IR_e = '0' PC_e = '0'　In_pc = "00"	In_ALU2 = "10"　In_ALU1 = "011"　ALU_op = "1010" Ps_e = '1'　In_reg = "011"　Writ_reg = "10"

(21) ROR DR, imm 的指令流程和微命令序列如表 8-39 所示。

表 8-39　ROR DR, imm 的指令流程和微命令序列

$S_{取指}$	$S_{译码}$	S_{ROR}
$M_{addr} \leftarrow PC$　$IR \leftarrow M_{data}$ $PC \leftarrow PC + 1$	译码	$ALU \leftarrow DR$　$ALU \leftarrow imm$ $DR \leftarrow DR$ 循环右移 imm 位
M_addr = "001"　IR_e = '1' PC_e = '1'　In_pc = "01"	M_addr = "000"　IR_e = '0' PC_e = '0'　In_pc = "00"	In_ALU2 = "10"　In_ALU1 = "011"　ALU_op = "1011" Ps_e = '1'　In_reg = "011"　Writ_reg = "10"

(22) Inc DR 的指令流程和微命令序列如表 8-40 所示。

表 8-40　Inc DR 的指令流程和微命令序列

$S_{取指}$	$S_{译码}$	S_{Inc}
$M_{addr} \leftarrow PC$　$IR \leftarrow M_{data}$ $PC \leftarrow PC + 1$	译码	$ALU \leftarrow DR$　$DR \leftarrow DR + 1$
M_addr = "001"　IR_e = '1' PC_e = '1'　In_pc = "01"	M_addr = "000"　IR_e = '0' PC_e = '0'　In_pc = "00"	In_ALU2 = "10"　ALU_op = "0110"　In_reg = "011" Writ_reg = "10"　Ps_e = '1'

(23) Dec DR 的指令流程和微命令序列如表 8-41 所示。

表 8-41 Dec DR 的指令流程和微命令序列

S_{取指}	S_{译码}	S_{Dec}
M$_{addr}$←PC　IR←M$_{data}$　PC←PC+1	译码	ALU←DR　DR←DR－1
M_addr = "001"　IR_e = '1' PC_e = '1'　In_pc = "01"	M_addr = "000"　IR_e = '0'　PC_e = '0'　In_pc = "00"	In_ALU2 = "10"　ALU_op = "0111"　In_reg = "011"　Writ_reg = "10"　Ps_e = '1'

(24) Neg DR 的指令流程和微命令序列如表 8-42 所示。

表 8-42 Neg DR 的指令流程和微命令序列

S_{取指}	S_{译码}	S_{Neg}
M$_{addr}$←PC　IR←M$_{data}$　PC←PC+1	译码	ALU←DR　DR←－(DR)
M_addr = "001"　IR_e = '1' PC_e = '1'　In_pc = "01"	M_addr = "000"　IR_e = '0'　PC_e = '0'　In_pc = "00"	In_ALU2 = "10"　ALU_op = "1100"　In_reg = "011"　Writ_reg = "10"　Ps_e = '1'

(25) Com DR 的指令流程和微命令序列如表 8-43 所示。

表 8-43 Com DR 的指令流程和微命令序列

S_{取指}	S_{译码}	S_{Com}
M$_{addr}$←PC　IR←M$_{data}$　PC←PC+1	译码	ALU←DR　DR←/DR
M_addr = "001"　IR_e = '1' PC_e = '1'　In_pc = "01"	M_addr = "000"　IR_e = '0'　PC_e = '0'　In_pc = "00"	In_ALU2 = "10"　ALU_op = "1101"　In_reg = "011"　Writ_reg = "10"　Ps_e = '1'

(26) Push SR 的指令流程和微命令序列如表 8-44 所示。

表 8-44 Push SR 的指令流程和微命令序列

S_{取指}	S_{译码}	S_{Push1}	S_{Push2}
M$_{addr}$←PC　IR←M$_{data}$　PC←PC+1	译码	SP←SP－1	M$_{addr}$←SP　M$_{data}$←SR
M_addr = "001"　IR_e = '1'　PC_e = '1'　In_pc = "01"	M_addr = "000"　IR_e = '0'　PC_e = '0'　In_pc = "00"	Sp_e = '1'　As_op = "10"	M_addr = "010"　M_R_W = '1'　M_data = "10"

(27) Pop DR 的指令流程和微命令序列如表 8-45 所示。

表 8-45 Pop DR 的指令流程和微命令序列

S_{取指}	S_{译码}	S_{Pop}
M$_{addr}$←PC　IR←M$_{data}$　PC←PC+1	译码	M$_{addr}$←SP　DR←M$_{data}$　SP←SP+1
M_addr = "001"　IR_e = '1'　PC_e = '1'　In_pc = "01"	M_addr = "000"　IR_e = '0'　PC_e = '0'　In_pc = "00"	M_addr = "010"　In_reg = "010"　Writ_reg = "10"　Sp_e = '1'　As_op = "01"

(28) Jmp X(PC)的指令流程和微命令序列如表 8-46 所示。

表 8-46　Jmp X(PC)的指令流程和微命令序列

S_取指	S_译码	S_Jmp
M_addr←PC　IR←M_data　PC←PC+1	译码	PC←PC+Offset
M_addr="001"　IR_e='1'　PC_e='1'　In_pc="01"	M_addr="000"　IR_e='0'　PC_e='0'　In_pc="00"	In_ALU1="001"　In_ALU2="11"　ALU_op="0001"　In_pc="11"　PC_e='1'

(29) Jz X(PC)的指令流程和微命令序列如表 8-47 所示。

表 8-47　Jz X(PC)的指令流程和微命令序列

S_取指	S_译码	S_Jz
M_addr←PC　IR←M_data　PC←PC+1	译码	PC←PC+Offset
M_addr="001"　IR_e='1'　PC_e='1'　In_pc="01"	M_addr="000"　IR_e='0'　PC_e='0'　In_pc="00"	In_ALU1="001"　In_ALU2="11"　ALU_op="0001"　In_pc="11"　PC_e='1'

(30) Js X(PC)的指令流程和微命令序列如表 8-48 所示。

表 8-48　Js X(PC)的指令流程和微命令序列

S_取指	S_译码	S_Js
M_addr←PC　IR←M_data　PC←PC+1	译码	PC←PC+Offset
M_addr="001"　IR_e='1'　PC_e='1'　In_pc="01"	M_addr="000"　IR_e='0'　PC_e='0'　In_pc="00"	In_ALU1="001"　In_ALU2="11"　ALU_op="0001"　In_pc="11"　PC_e='1'

(31) Jc X(PC)的指令流程和微命令序列如表 8-49 所示。

表 8-49　Jc X(PC)的指令流程和微命令序列

S_取指	S_译码	S_Jc
M_addr←PC　IR←M_data　PC←PC+1	译码	PC←PC+Offset
M_addr="001"　IR_e='1'　PC_e='1'　In_pc="01"	M_addr="000"　IR_e='0'　PC_e='0'　In_pc="00"	In_ALU1="001"　In_ALU2="11"　ALU_op="0001"　In_pc="11"　PC_e='1'

(32) Jo X(PC)的指令流程和微命令序列如表 8-50 所示。

表 8-50　Jo X(PC)的指令流程和微命令序列

S_取指	S_译码	S_Jo
M_addr←PC　IR←M_data　PC←PC+1	译码	PC←PC+Offset
M_addr="001"　IR_e='1'　PC_e='1'　In_pc="01"	M_addr="000"　IR_e='0'　PC_e='0'　In_pc="00"	In_ALU1="001"　In_ALU2="11"　ALU_op="0001"　In_pc="11"　PC_e='1'

(33) Jsr X(PC) 的指令流程和微命令序列如表 8-51 所示。

表 8-51 Jsr X(PC) 的指令流程和微命令序列

$S_{取指}$	$S_{译码}$	S_{Jsr1}	S_{Jsr2}	S_{Jsr3}
$M_{addr} \leftarrow PC$ $IR \leftarrow M_{data}$ $PC \leftarrow PC+1$	译码	$SP \leftarrow SP-1$	$M_{addr} \leftarrow SP$ $M_{data} \leftarrow PC$	$PC \leftarrow PC + Offset$
M_addr = "001" IR_e = '1' PC_e = '1' In_pc = "01"	M_addr = "000" IR_e = '0' PC_e = '0' In_pc = "00"	Sp_e = '1' As_op = "10"	M_addr = "010" M_R_W = '1' M_data = "01"	In_ALU1 = "001" In_ALU2 = "11" ALU_op = "0001" In_pc = "11" PC_e = '1'

(34) Ret 的指令流程和微命令序列如表 8-52 所示。

表 8-52 Ret 的指令流程和微命令序列

$S_{取指}$	$S_{译码}$	S_{Ret}
$M_{addr} \leftarrow PC$ $IR \leftarrow M_{data}$ $PC \leftarrow PC+1$	译码	$M_{addr} \leftarrow SP$ $PC \leftarrow M_{data}$ $SP \leftarrow SP+1$
M_addr = "001" IR_e = '1' PC_e = '1' In_pc = "01"	M_addr = "000" IR_e = '0' PC_e = '0' In_pc = "00"	M_addr = "010" In_pc = "10" PC_e = '1' Sp_e = '1' As_op = "01"

其次，合并状态。观察上面各条指令经历的状态，合并相同或相似的状态，例如：所有的指令都经历了取指状态，将所有的 S 取指合并，定义为 S_0；所有的 S 译码合并，定义为 S_1；S_{Load}、S_{Mov3} 和 S_{Mov5} 执行时需要的微命令类似，将它们合并为 S_2，S_{Store}、S_{Mov4} 和 S_{Push2} 执行的微命令类似，可将它们合并为 S_3；以此类推，得到合并后的状态 S_4、S_5、S_6、S_7、S_8、S_9、S_{10}、S_{11}、S_{12}、S_{13}、S_{14}、S_{15}、S_{16} 和 S_{17}。各指令合并后的状态如表 8-53 所示。

表 8-53 合并后指令状态列表

	节拍0	节拍1	节拍2	节拍3	节拍4
Load DR,[SR]	S_0	S_1	S_2		
Store [DR],SR	S_0	S_1	S_3		
Mov1 DR,imm	S_0	S_1	S_4		
Mov2 DR,SR	S_0	S_1	S_5		
Mov3 DR,X(SR)	S_0	S_1	S_6	S_2	
Mov4 X(DR),SR	S_0	S_1	S_6	S_3	
Mov5 DR,(SR)+	S_0	S_1	S_2	S_7	
Add1 DR,SR	S_0	S_1	S_8		
Add2 DR,[SR]	S_0	S_1	S_9		
Sub1 DR,SR	S_0	S_1	S_8		
Sub2 DR,[SR]	S_0	S_1	S_9		
And DR,SR	S_0	S_1	S_8		
Or DR,SR	S_0	S_1	S_8		
Xor DR,SR	S_0	S_1	S_8		

续表

	节拍0	节拍1	节拍2	节拍3	节拍4
Cmp1 DR,SR	S_0	S_1	S_{10}		
Cmp2 DR,imm	S_0	S_1	S_6		
Chan DS,SR	S_0	S_1	S_{11}	S_5	
SL DR,imm	S_0	S_1	S_{12}		
SR DR,imm	S_0	S_1	S_{12}		
ROL DR,imm	S_0	S_1	S_{12}		
ROR DR,imm	S_0	S_1	S_{12}		
Inc DR	S_0	S_1	S_{13}		
Dec DR	S_0	S_1	S_{13}		
Neg DR	S_0	S_1	S_{13}		
Com DR	S_0	S_1	S_{13}		
Push SR	S_0	S_1	S_{14}	S_3	
Pop DR	S_0	S_1	S_{15}		
Jmp X(PC)	S_0	S_1	S_{16}		
Jz X(PC)	S_0	S_1	S_{16}		
Js X(PC)	S_0	S_1	S_{16}		
Jc X(PC)	S_0	S_1	S_{16}		
Jo X(PC)	S_0	S_1	S_{16}		
Jsr X(PC)	S_0	S_1	S_{14}	S_{17}	S_{16}
Ret	S_0	S_1	S_{15}		

各状态对应的微命令如表8-54所示。

表8-54 各状态对应的微命令

状态	PC_e	Sp_e	IR_e	Ps_e	C_e	M_R_W	Writ_reg	ALU_op	M_addr	M_data	In_pc	In_reg	In_ALU1	In_ALU2	As_op
S0	1	0	1	0	0	0	00	0000	001	00	01	000	000	00	00
S1	0	0	0	0	0	0	00	0000	000	00	00	000	000	00	00
S2	0	0	0	0	0	0	10	0000	选	00	00	010	000	00	00
S3	0	0	0	0	0	1	00	0000	选	10	00	000	000	00	00
S4	1	0	0	0	0	0	10	0000	001	00	01	010	000	00	00
S5	0	0	0	0	0	0	10	0000	000	00	00	选	000	00	00
S6	1	0	0	选	0	0	00	选	001	00	01	000	选	选	00
S7	0	0	0	0	0	0	01	1111	000	00	00	011	010	000	00
S8	0	0	0	1	0	0	10	选	000	00	00	011	010	10	00
S9	0	0	0	1	0	0	10	选	100	00	00	011	100	10	00

续表

状态	PC_e	Sp_e	IR_e	Ps_e	C_e	M_R_W	Writ_reg	ALU_op	M_addr	M_data	In_pc	In_reg	In_ALU1	In_ALU2	As_op
S10	0	0	0	1	0	0	00	0010	000	00	00	000	010	10	00
S11	0	0	0	0	1	0	选	0000	000	00	00	选	000	00	00
S12	0	0	0	1	0	0	10	选	000	00	00	011	011	10	00
S13	0	0	0	1	0	0	10	选	000	00	00	011	000	10	00
S14	0	1	0	1	0	0	00	0000	000	00	00	000	000	00	10
S15	选	1	0	0	0	0	选	0000	010	00	选	选	000	00	01
S16	1	0	0	0	0	0	00	0001	000	00	11	000	001	11	00
S17	0	0	0	0	0	1	00	0000	010	01	00	000	000	00	00

最后，画出状态图转换图。综合之前的设计，得到状态转换图，如图 8-38 所示。

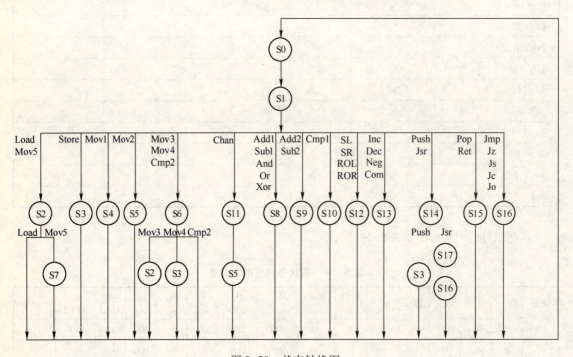

图 8-38 状态转换图

8.4.4 形式控制逻辑

根据状态转换图，若控制逻辑若采用状态机实现，实现代码见附录 B。
若控制器采用微程序控制方式，控制器的实现逻辑如图 8-39 所示。

第8章 基本CPU设计

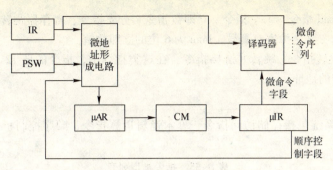

图 8-39 微程序控制器组成框图

8.4.5 完成各部件的连接

依据数据通路，设计各功能部件，并将在 8.4.4 节中形成的控制逻辑及各功能部件准确地连接起来。

8.5 精简指令集的多周期 CPU 设计

8.5.1 指令系统设计

本设计基于精简指令集。指令格式、寻址方式及指令类型的设计如下。

1. 指令格式及寻址方式

系统包括一个由 8 个 16 位的通用寄存器构成的寄存器组。8 个通用寄存器分别为 R0，R1，…，R7。其中，R7 用来保存返回地址，R0 的值恒为 "0000000000000000"。数据寻址方式包括立即数寻址和偏移量寻址两种，利用操作码说明寻址方式。为了使处理器更容易进行流水实现和译码，所有指令都是 16 位的，其中操作码占 4 位，不同类型的指令设置不同的格式，共 3 种格式，它们分别对应于 I 类指令、R 类指令、J 类指令。在这 3 种格式中，同名字段的位置固定不变。具体格式参见 8.3.1 节。图 8-40、图 8-41、图 8-42 再次给出了这三种指令格式。

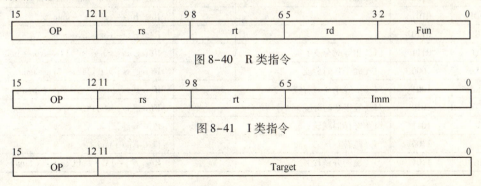

图 8-40 R 类指令

图 8-41 I 类指令

图 8-42 J 类指令

R 类指令包括 ALU 指令、专用寄存器读/写指令等。格式中，rs、rt 为源寄存器号，rd 为目的寄存器号，fun 为运算扩展位。

I 类指令包括 load 指令、store 指令、立即数指令、分支指令、寄存器跳转指令、寄存器跳转链接指令。其中，rs、rt 为源寄存器号，Imm 为 6 位的立即数值。

J 类指令包括跳转指令、跳转并链接指令，在这类指令中，指令的低 12 位是偏移量，它与 PC 值相加形成跳转的地址。

2. 指令类型

本设计的指令系统包括存储访问指令、算术逻辑运算指令、顺序控制指令等，具体指令如表 8-55 所示。

表 8-55 指令类型列表

指 令	操 作 码	指令格式	Fun 字段	
NOP	0000	R（空指令）	000	
ADD	0000	R	001	Rd←rs + rt
SUB	0000	R	010	Rd←rs − rt
ADDU	0000	R（无符号加）	011	Rd←rs + rt
SUBU	0000	R（无符号减）	100	Rd←rs − rt
SGET	0001	R（大于等于置位）	000	If(reg[rt] >= reg[rs]) reg[rd]←1
SGT	0001	R（大于置位）	001	If(reg[rt] > reg[rs]) reg[rd]←1
SET	0001	R（等于置位）	010	If(reg[rt] = reg[rs]) reg[rd]←1
SNET	0001	R（不等于置位）	011	If(reg[rt] != reg[rs]) reg[rd]←1
SAL	0001	R（算术左移）	100	Reg[rd]←reg[rt] << reg[rs]
SAR	0001	R（算术右移）	101	Reg[rd]←reg[rt] >> reg[rs]
SLL	0001	R（逻辑左移）	110	Reg[rd]←reg[rt] << reg[rs]
SRL	0001	R（逻辑右移）	111	Reg[rd]←reg[rt] >> reg[rs]
AND	0010	R	000	Reg[rd]←reg[rt] and reg[rs]
OR	0010	R	001	Reg[rd]←reg[rt] or reg[rs]
NOT	0010	R	010	Reg[rd]←not reg[rs]
XOR	0010	R	011	Reg[rd]←reg[rt] xor reg[rs]
NOR	0010	R	100	Reg[rd]←reg[rt] nor reg[rs]
SW	0011	I（装入字）		Mem[imm + reg[rs]]←reg[rt]
LW	0100	I（保存字）		Reg[rt]←Mem[imm + reg[rs]]
ADDI	0101	I		Reg[rt]←reg[rs] + imm
SUBI	0110	I		Reg[rt]←reg[rs] − imm
BEQ	0111	I（相等时分支）		If(reg[rs] = reg[rt]) PC←Npc + imm
BGTZ	1000	I（大于 0 时分支）		If(reg[rs] > 0) PC←Npc + imm
BNEZ	1001	I（不等于 0 时分支）		If(reg[rs] != 0) PC←Npc + imm
BEQZ	1010	I（等于 0 时分支）		If(reg[rs] = 0) PC←Npc + imm
JR	1011	I（寄存器跳转）		PC←reg[rs]
J	1100	J（跳转）		PC←Npc + target
JAL	1101	J（跳转并链接）		Reg[r7]←PC + 1; PC←Npc + target

8.5.2 数据通路设计

为实现既定的指令系统，需要如图 8-43 所示的数据通路。

第8章 基本CPU设计

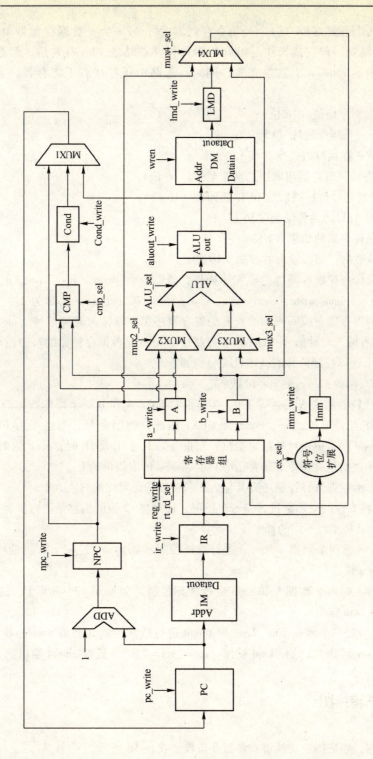

图8-43 数据通路

图 8-43 包括两个存储部件：一个是指令存储器 IM，另一个是数据存储器 DM。两个存储器皆为理想的存储器，即其读操作是组合逻辑操作，在地址 addr 有效后，经过一个"取数时间"，数据输出端 Dataout 上数据有效。同时，通路中还存在若干寄存器，各寄存器的作用如下。

PC——存放当前指令地址（16 位）；

NPC——存放下一条指令地址（16 位）；

IR——存放当前正在执行的指令（16 位）；

A、B——分别存放从寄存器组取出的两个数据（16 位）；

Imm——存放经过符号位扩展后的 16 位立即数（16 位）；

ALUout——存放 ALU 的运算结果（16 位）；

Cond——存放条件判断的结果（1 位）；

LMD——存放从数据存储器读出的数据（16 位）。

控制器发出的微命令控制各器件完成实际操作，微命令 pc_write、npc_write、ir_write、reg_write、a_write、b_write、imm_write、cond_write、aluout_write 和 lmd_write 都是为'1'时有效，为'0'时无效，控制对应的寄存器完成写操作。所有的寄存器还都存在输入时钟信号（clock）和复位信号（reset），主存有输入时钟信号（clock）。控制命令 wren 是数据存储器的写使能端，为'1'有效，为'0'无效。几个选择控制信号的具体含义分别如下。

rt_rd_sel：控制写回数据写入到 rt、rd 或 r7。

cmp_sel：控制比较器实现 A 是否等于 0，A 是否大于 0，A 和 B 两个操作数是否相等，输出恒为'1'，输出恒为'0'几种功能之一。cond 为 MUX1 的选择控制信号，当指令为 BEQ、BGTZ、BNEZ、BEQZ 时，cond 的取值由比较结果给出；当指令为 J、JAL 及 JR 时，cond 的取值恒为'1'；当指令为其他（算术逻辑运算指令和访存指令）时，cond 的取值恒为'0'。

注：关于 MUX1 的数据选择控制还有其他方法，可以考虑对应的解决方案。

ex_sel：选择是将 6 位的立即数进行符号位扩展，还是将 12 位的偏移量进行扩展。

ALU_sel：控制 ALU 实现不同的算术逻辑运算。

mux2_sel：对输入的两个数据 a 和 npc 进行选择控制（如果 mux2_sel ='0'，选择 npc 输出，mux2_sel ='1'，选择 a 输出）。

mux3_sel：对输入的两个数据 b 和 imm 进行选择控制（如果 mux3_sel ='0'，选择 b 输出，mux3_sel ='1'，选择 imm 输出）。

mux4_sel：对输入的三个数据 npc、Lmd 和 aluout 进行选择控制（如果 mux4_sel = "00"，选择 npc 输出，mux4_sel = "01"，选择 Lmd 输出，mux4_sel = "10"，选择 aluout 输出）。

8.5.3　设计状态转换图

依据数据通路图，根据指令功能得到各指令流程如表 8-56 所示。

表 8-56　指令流程列表

指令类型	取指周期（IF）	指令译码/读寄存器周期（ID）	执行/有效地址计算周期（EX）	存储器访问/分支完成周期（MEM）	写回周期（WB）
NOP、ADD、SUB、ADDU、SUBU、SGET、SGT、SET、SNET、SAL、SAR、SLL、SRL、AND、OR、NOT、XOR、NOR	IR←IM[PC] NPC←PC+1	A←Reg[Rs] B←Reg[Rt] IMM←(IR5)^{10}##IR(5..0) 或者 IMM←(IR11)^4##IR(11..0)	Cond←cmpout Aluout←A func B		Reg[rd]←aluout
SW			Cond←cmpout Aluout←A+Imm	Mem[aluoutput]←B	
LW			Cond←cmpout Aluout←A+Imm	LMD←Mem[aluoutput]	Reg[rt]←LMD
ADDI、SUBI			Cond←cmpout Aluout←A op Imm		Reg[rt]←aluout
BEQ、BGTZ、BNEZ、BEQZ			Cond←cmpout Aluout←NPC+Imm	IF cond='1' PC←aluout else PC←NPC	
J			Cond←cmpout Aluout←NPC+Imm		
JAL			Cond←cmpout Aluout←NPC+Imm		Reg[r7]←NPC
JR			Cond←cmpout Aluout←A+B（B 为 R0）		

由表 8-56 可以看出，一条指令的执行过程分为以下 5 个周期。

1. 取指周期（IF）

根据 PC 指示的地址从存储器中取出指令并放入指令寄存器 IR；同时 PC 值加 1（存储器按字编址），指向顺序的下一条指令。

2. 指令译码/读寄存器周期（ID）

对指令进行译码，并用 IR 中的寄存器编号访问通用寄存器组，读出所需的操作数；同时对 6 位 imm 或 12 位 target 进行符号位扩展，将结果送入 IMM 寄存器。

3. 执行/有效地址计算周期（EX）

在这个周期，一方面，控制比较器完成不同操作；另一方面，ALU 对在上一个周期准备好的操作数进行运算或处理，不同指令所进行的操作不同。

（1）存储器访问指令：ALU 把所指定的寄存器的内容与偏移量相加，形成用于访存的有效地址。

（2）寄存器-寄存器 ALU 指令：ALU 按照操作码指定的操作对从通用寄存器组中读取的数据进行运算。

（3）寄存器-立即数 ALU 指令：ALU 按照操作码指定的操作对从通用寄存器组中读取的第一操作数和立即数进行运算。

（4）分支指令：ALU 把偏移量与 PC 值相加，形成转移目标地址。

（5）跳转指令：根据指令具体功能，ALU 把偏移量与 PC 值相加，形成转移目标地址（跳转、跳转并链接指令）；或者，ALU 对从通用寄存器组中读取的数据进行相加，形成转移目标地址。

4. 存储器访问/分支完成周期（MEM）

所有指令都要在该周期对 PC 进行更新（除了分支和跳转指令，其他指令都要做 PC←NPC）。此外，LW 和 SW 还有额外工作要完成。

如果是 LW 指令，就用上一个周期计算出的有效地址从存储器中读出相应数据；如果是 SW 指令，就把指定的数据写入有效地址所指出的存储单元。

5. 写回周期（WB）

ALU 运算指令和 LW 指令在这个周期把结果数据写入通用寄存器组。对于 ALU 运算指令，这个结果数据来自于 ALU，而对于 LW 指令，这个结果数据来自于 LMD 寄存器。

跳转并链接指令在这个周期实现保存返回地址的操作。

为实现指令流程，控制器需要发出的微命令序列如表 8-57 所示。

表 8-57 微命令序列

指令类型	取指周期 （IF）	指令译码/ 读寄存器周期 （ID）	执行/有效地址 计算周期 （EX）	存储器访问/ 分支完成 周期（MEM）	写回周期 （WB）
NOP、ADD、SUB、 ADDU、SUBU、SGET、 SGT、SET、SNET、SAL、 SAR、SLL、SRL、AND、 OR、NOT、XOR、NOR	npc_write ='1' ir_write = '1'	a_write ='1' b_write ='1' imm_write ='1' ex_sel 可选 （根据 ir）	mux2_sel ='1' mux3_sel ='0' aluout_write ='1' ALU_sel 可选（根据 ir） Cond_write ='1' cmp_sel 可选（根据 ir）	pc_write ='1'	reg_write ='1' mux4_sel = "10" rt_rd_sel = "01"
SW			mux2_sel ='1' mux3_sel ='1' aluout_write ='1' ALU_sel = "0000" Cond_write ='1' cmp_sel 可选（根据 ir）	pc_write ='1' wren ='1'	
LW			mux2_sel ='1' mux3_sel ='1' aluout_write ='1' ALU_sel = "0000" Cond_write ='1' cmp_sel 可选（根据 ir）	pc_write ='1' Lmd_write ='1'	reg_write ='1' mux4_sel = "01" rt_rd_sel = "00"
ADDI、SUBI			mux2_sel ='1' mux3_sel ='1' aluout_write ='1' ALU_sel 可选（根据 ir） Cond_write ='1' cmp_sel 可选（根据 ir）	pc_write ='1'	reg_write ='1' mux4_sel = "10" rt_rd_sel = "00"
BEQ、BGTZ、BNEZ、 BEQZ			mux2_sel ='0' mux3_sel ='1' aluout_write ='1' ALU_sel = "0000" Cond_write ='1' cmp_sel 可选（根据 ir）		
J			mux2_sel ='0' mux3_sel ='1' aluout_write ='1' ALU_sel = "0000" Cond_write ='1' cmp_sel 可选（根据 ir）	pc_write ='1'	
JAL					reg_write ='1' mux4_sel = "00" rt_rd_sel = "10"
JR			mux2_sel ='1' mux3_sel ='0' aluout_write ='1' ALU_sel = "0000" Cond_write ='1' cmp_sel 可选（根据 ir）		

观察上面各条指令经历的状态，合并相同或相似的状态，得到合并后的状态，分别为：S0、S1、S2、、S3、S4、S5、S6、S7、S8。各指令实现状态如表 8-58 所示。

表 8-58　各指令实现状态列表

指 令 类 型	节拍0	节拍1	节拍2	节拍3	节拍4
NOP、ADD、SUB、ADDU、SUBU、SGET、SGT、SET、SNET、SAL、SAR、SLL、SRL、AND、OR、NOT、XOR、NOR	S0	S1	S2	S5	S8
SW			S3	S6	
LW				S7	S8
ADDI、SUBI				S5	
BEQ、BGTZ、BNEZ、BEQZ			S4	S5	
J				S5	
JAL					S8
JR			S2	S5	

根据指令格式，由各指令实现状态列表，得到状态转换图如图 8-44 所示。

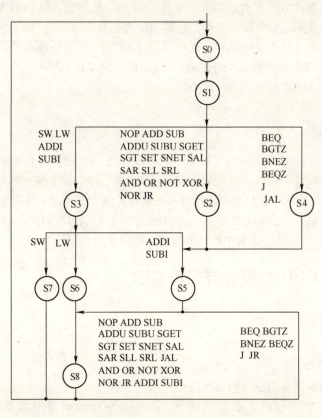

图 8-44　状态转换图

8.5.4　形成控制逻辑并完成部件连接

根据状态转换图，参考附录 B 的实现代码，可以得到利用状态机实现的控制逻辑。

生成控制逻辑后，再依据数据通路，将设计好的各功能部件连接起来，即完成既定的模型机设计。

8.6　CPU 的测试及应用程序编写

对 CPU 设计对应的工程文件编译通过后，必须对其功能和实现特性进行仿真测试，以便了解设计结果是否满足设计要求。

8.6.1　CPU 的时序仿真与实现

CPU 的测试通常通过分析仿真波形完成。利用仿真波形能及时发现和纠正设计中存在的问题，同时能进一步了解 CPU 内部各组成单元在执行指令时的工作过程，了解在控制器的控制下，CPU 内部各组成单元如何协调工作的过程。

在编辑仿真波形文件时，要将 CPU 的主要功能部件的输入/输出信号、各部件的控制信号、节拍控制信号和系统时钟信号等加入到波形文件 .vwf 中。根据输入端口的工作特性，在输入端加上适当的激励信号波形，观察输出波形，达到测试的效果。

除了利用仿真波形文件完成测试外，还可以通过 CPU 的 RTL 电路结构图，观察各部件连接等情况。为了对 CPU 进行硬件测试，可将输入/输出信号锁定在 FPGA 芯片的引脚上，编译后下载到器件中。应用嵌入式逻辑分析仪调试 CPU。

8.6.2　应用程序设计

当 CPU 的硬件结构和指令系统确定以后，就可以在此 CPU 硬件平台和所设计的指令系统的基础上进行应用程序设计。例如，在实际应用中，加、减、乘、除是常用的算术运算，而在所设计的 16 位 CPU 的指令系统中，只有加减运算和逻辑运算指令，而没有乘法和除法运算指令。事实上，利用已有的加减、移位和分支转移指令，编写一段应用程序可以实现乘法和除法运算。还可以利用所设计的 CPU 完成 C 语言中的经典程序，如求累加和问题等。

8.7　16 位 CPU 的设计与实现实验

8.7.1　实验目的

（1）深入理解基本 CPU 的功能及组成。
（2）熟悉计算机各类典型指令的指令流程。
（3）在掌握部件单元电路实验的基础上，进一步将单元电路组成系统，构造一个完整的 CPU。

8.7.2 实验要求

利用 VHDL 语言完成从指令系统到 CPU 的设计,利用三个测试应用程序,最后进行正确性评定。

8.7.3 实验原理

实验原理见 8.2～8.6 节的描述。

8.7.4 实验预习

(1) 了解 RISC 和 CISC 处理器的基本特点。
(2) 熟悉 CPU 的工作原理和设计方法。
(3) 掌握 CPU 个功能部件的设计过程。

8.7.5 实验过程

(1) 创建工程。
(2) 根据 CPU 的设计步骤,分别完成拟定指令系统、确定总体结构、设计状态图、形成控制逻辑、实现各部件并连接等过程。
(3) 设计三个测试应用程序,并将其加载到主存中。
测试程序参考:
① 实现乘法运算。初始值存放在两个寄存器(如 R_0,R_1)中,相乘结果仍存放在这两个寄存器或另外两个寄存器(如 R_2,R_3)中。
② 内存读写测试。将 n 个数(如32 个数即 0～31)存到内存的相应单元,将其中的 k 个数(如 1～16)取出,存到另外的 k 个单元。
③ 冒泡排序。在内存的 n 个连续单元中存储 n 个数据(如,6 个连续单元分别存放了 5,3,2,1,6,4 这 6 个数据),升序排列后存储在另外 n 个连续单元中。
④ 求质数。求出一个数值区间(如 1～64)包含的质数,存储到相应的主存单元中。
⑤ 求累加和。在内存的 n 个连续单元中存储了 n 个数据,求这 n 个数据的和,并将结果存在一个主存单元中。
(4) 全程编译,仿真测试。

8.7.6 实验报告及思考题

(1) 如果要修改算术逻辑单元 ALU 的功能,应该如何修改各个模块的设计?
(2) 如何用 VHDL 实现程序计数器 PC?
(3) 测试应用程序的加载是如何完成的?
(4) 你所设计的 CPU 是单周期的,还是多周期的?
(5) 所设计的 CPU 具有什么功能?
(6) 你所设计的 CPU 性能如何?如何提高 CPU 性能?

第9章

流水线 CPU 的设计

8.6 节设计的精简指令集的多周期 CPU 的平均 CPI 超过了 4，效率较低。为了降低 CPI，提高 CPU 运行效率，引入流水线技术。流水线技术的基础是功能部件的专用化，即每一周期内各功能部件独立工作，其基本思想是利用时间重叠的途径来提升并行性，使得各功能部件在同一时钟周期内为不同任务的不同阶段服务。

本部分的理论知识基本都节选自文献[23]，若对流水线的理论知识很熟悉，可以跨过 9.1 ~ 9.3 节，直接阅读 9.4 节。

▷▷ 9.1 经典的 5 段流水线

在 8.6 节的 CPU 设计中，将它的每一个周期作为一个流水段，并在各段之间加上锁存器，就构成了如图 9-1 所示的 5 段流水线。这些锁存器称为流水寄存器。如果在每个时钟周期启动一条指令，则采用流水方式后的性能将是非流水方式的 5 倍。不过，事情也没这么简单，还需要解决好流水带来的一些问题。

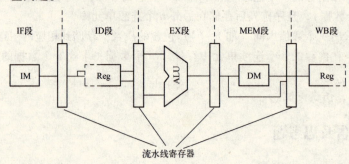

图 9-1 一个经典的 5 段流水线

在进一步讨论之前，先介绍图 9-1 的时空图，如图 9-2 所示。在图 9-2 中，横向表示时间，纵向表示指令，整体展现了指令的重叠执行情况。图 9-3 是这种时空图的另一种画法，它以数据通路的快照形式直观地展示了部件重叠工作的情况。

采用流水线方式实现时，第一，要保证不会在同一时钟周期要求同一个功能段做两件不同工作。例如，不能要求 ALU 同时做有效地址计算和算术运算。RISC 指令集比较简洁，故在图 9-1

时钟周期 指令	1	2	3	4	5	6	7	8	9
指令 k	IF	ID	EX	MEM	WB				
指令 k+1		IF	ID	EX	MEM	WB			
指令 k+2			IF	ID	EX	MEM	WB		
指令 k+3				IF	ID	EX	MEM	WB	
指令 k+4					IF	ID	EX	MEM	WB

图 9-2　5 段流水线的一种时空图

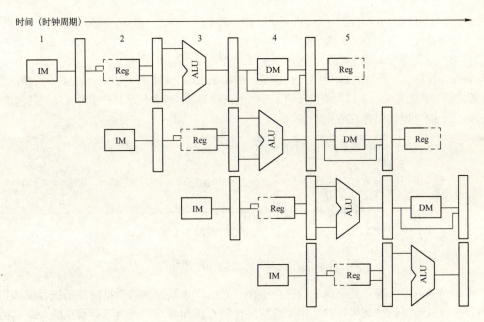

图 9-3　时空图的另一种画法

中，如果分支指令是在 EX 段完成，那么就不会发生这种冲突。

第二，为了避免 IF 段的访存（取指令）与 MEM 段的访存（读/写数据）发生冲突，必须采用分离的指令存储器和数据存储器。一般采用分离的指令 Cache 和数据 Cache。而且，如果这里的时钟周期与前面非流水方式下的时钟周期相同，那么存储系统的带宽必须提高到原来的 5 倍。这是一个不小的代价。

第三，ID 段要对通用寄存器组进行读操作，而 WB 段要对寄存器组进行写操作，为了解决对同一通用寄存器的访问冲突，可把写操作安排在时钟周期的前半拍完成，把读操作安排在后半拍完成，其表示方法是将通用寄存器组的边框的一半画成实线以表示读/写操作，另一半画成虚线以表示不进行操作，如图 9-3 所示。

第四，图 9-3 中没有考虑 PC 的问题。为了做到每个时钟周期启动一条指令，必须在每个时钟周期都进行 PC 值加 1 的工作。这是在 IF 段完成的，为此，需要设置一个专门的加法器。此外，分支指令也要修改 PC 的值，它是在 MEM 段进行的。这个问题怎么处理呢？后面将详细讨论分支的处理问题。

9.2 相关

相关是指两条指令之间存在某种依赖关系。如果指令之间没有任何关系，那么当流水线有足够的硬件资源时，它们就能在流水线中顺利地重叠执行，不会引起任何停顿。如果两条指令相关，则它们就有可能无法在流水线中重叠执行或者只能部分重叠。

相关有 3 种类型：数据相关（也称真数据相关），名相关，控制相关。

9.2.1 数据相关

对于两条指令 i 和 j（i 在前，j 在后，下同），如果下述条件之一成立，则称指令 j 与 i 数据相关：
（1）指令 j 使用指令 i 产生的结果。
（2）指令 j 与指令 k 数据相关，而指令 k 又与指令 i 数据相关。

其中第二个条件表明，数据相关具有传递性，即两条指令之间如果存在第一个条件所指出的相关的链，则它们是数据相关的。数据相关反映了数据的流动关系，即如何从其产生者流动到其消费者。

例如，下面一段代码存在数据相关。

```
Loop: L.D     F0,0(R1)        //F0 为数组元素
          ↓
      ADD.D   F4,F0,F2        //加上 F2 中的值
          ↓
      S.D     F4,0(R1)        //保存结果
      DADDIU  R1,R1,-8        //数组指针递减 8 个字节
          ↓
      BNE     R1,R2,Loop      //如果 R1 ≠ R2，则分支
```

上述代码中的箭头表示必须保证的执行顺序。它由产生数据的指令指向使用该数据的指令。

当数据的流动是经过寄存器时，相关的检测比较直观和容易，因为寄存器是统一命名的，同一寄存器在所有指令中的名称都是唯一的。而当数据的流动经过存储器时，检测就比较复杂，因为相同形式的地址其有效地址未必相同，如一条指令中的 10（R5）与另一条指令中的 10（R5）可能是不同的（R5 的内容可能发生了变化）；而形式不同的地址其有效地址却可能相关。

9.2.2 名相关

名是指指令所访问的寄存器或存储器单元的名称。如果两条指令使用相同的名，但是它们之间并没有数据流动，则称这两条指令存在名相关。指令 j 与指令 i 之间的名相关有以下两种：
（1）反相关。如果指令 j 写的名与指令 i 读的名相同，则称指令 i 和 j 发生了反相关。反相关指令之间的执行顺序是必须严格遵守的，以保证 i 读的值是正确的。
（2）输出相关。如果指令 j 和指令 i 写相同的名，则称指令 i 和 j 发生了输出相关。输出相关指令的执行顺序是不能颠倒的，以保证最后的结果是指令 j 写进去的。

与真数据相关不同，名相关的两条指令之间并没有数据的传送，只是使用了相同的名而已。如果把其中一条指令所使用的名换成别的，并不会影响另外一条指令的正确执行。因此，可以通过改变指令中操作数的名来消除名相关，这就是换名技术。对于寄存器操作数进行换名称为寄存器换名。这个过程既可以用编译器静态实现，也可以用硬件动态完成。

9.2.3 控制相关

控制相关是指由分支指令引起的相关。它需要根据分支指令的执行结果来确定后续指令是否执行。一般来说，为了保证程序应有的执行顺序，必须严格按控制相关确定的顺序执行。

控制相关的一个最简单的例子是 if 语句中的 then 部分。例如：

```
    if p1{
            S1；
         }；
    S；
    if p2{
            S2；
         }；
```

这里的 if p1 和 if p2 编译成目标代码后都是分支指令。语句 S1 与 p1 控制相关，S2 与 p2 控制相关。S 与 p1 和 p2 均无关。

控制相关带来了以下两个限制：

（1）与一条分支指令控制相关的指令不能被移到该分支之前，否则这些指令就不受该分支控制了。对于上述例子，then 部分中的指令不能移到 if 语句之前。

（2）如果一条指令与某分支指令不存在控制相关，就不能把该指令移到该分支之后。对于上述例子，不能把 S 移到 if 语句的 then 部分中。

9.3 流水线冲突

流水线冲突时指对于具体的流水线来说，由于相关的存在，使得指令流中的下一条指令不能在指定的时钟周期执行。

流水线冲突有以下 3 种类型。

（1）结构冲突：因硬件资源满足不了指令重叠执行的要求而发生的冲突。

（2）数据冲突：当指令在流水线中重叠执行时，因需要用到前面指令的执行结果而发生的冲突。

（3）控制冲突：流水线遇到分支指令和其他会改变 PC 值的指令所引起的冲突。

流水线冲突会给指令在流水线中的执行带来许多问题。如果不能很好地解决冲突问题，轻则影响流水线的性能，重则导致错误的执行结果。当发生冲突时，流水线可能会出现停顿，从而降低流水线的效率和实际的加速比。这是因为消除冲突往往需要使某些指令推后执行。在后面的讨论中，我们约定：当一条指令被暂停时，在该暂停指令之后流出的所有指令都要被暂停，而在该暂停指令之前流出的指令则继续进行（否则就永远无法消除冲突）。显然，在整个暂停期间，流水线不会启动新的指令。

9.3.1 结构冲突

在流水线处理机中，为了能够使各种组合的指令都能顺利地重叠执行，需要对功能部件进行流水或重复设置资源。如果某种指令组合因为资源冲突而不能正常执行，则称该处理机有结构冲突。

当功能部件不是完全流水或者资源不够用时，往往容易发生冲突。例如有些流水线处理机只有一个存储器，数据和指令存储在一起。在这种情况下，如果在某个时钟周期内，既要完成某条指令的访存操作，又要完成其后某条指令的"取指令"，那么就会发生访存冲突（结构冲突），如图 9-4 中带阴影的"M"所示。为了消除这一冲突，可以在前一条指令访问存储器时，将流水线停顿一个时钟周期，推迟后面取指令的操作，如图 9-5 所示。该停顿周期往往被称为"流水线气泡"，简称"气泡"。

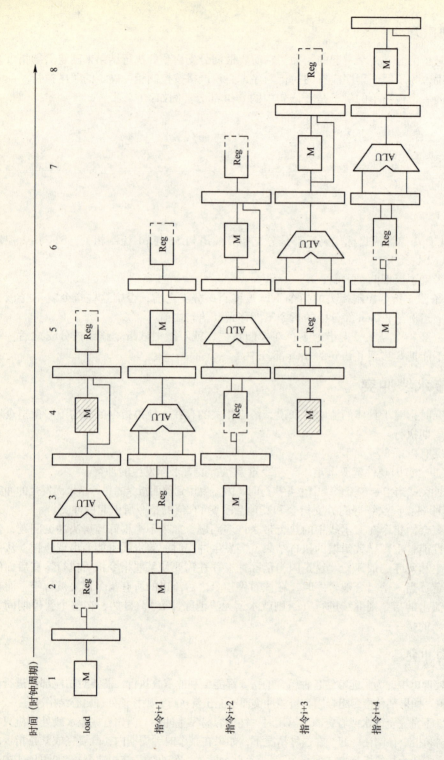

图9-4 由于访问同一个存储器而引起的结构冲突

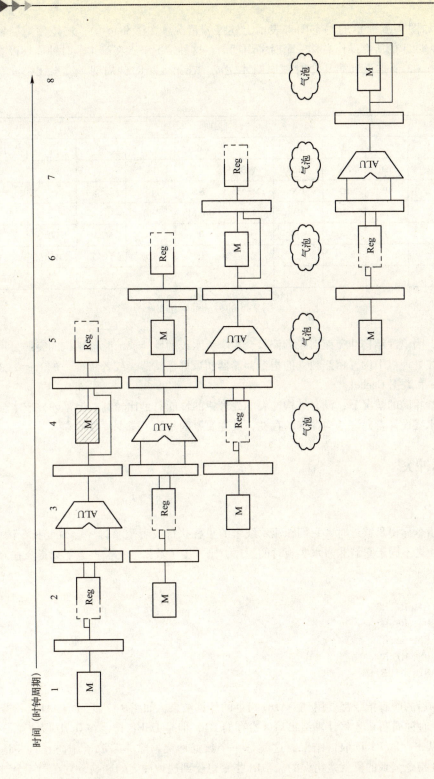

图9-5 为消除结构冲突而插入的流水线气泡

也可以用如图 9-6 所示的时空图来表示上述停顿情况。在图 9-6 中，将停顿周期标记为 stall，并将指令 i+3 的所有操作右移一个时钟周期。在这种情况下，在第 4 个时钟周期没有启动新指令。指令 i+3 要推迟到第 9 个时钟周期才完成。在第 8 个时钟周期，流水线中没有指令完成。

指令编号	时钟周期									
	1	2	3	4	5	6	7	8	9	10
指令 i	IF	ID	EX	MEM	WB					
指令 i+1		IF	ID	EX	MEM	WB				
指令 i+2			IF	ID	EX	MEM	WB			
指令 i+3				stall	IF	ID	EX	MEM	WB	
指令 i+4						IF	ID	EX	MEM	WB
指令 i+5							IF	ID	EX	MEM

图 9-6　图 9-5 的另一种画法

可以看出，为消除结构冲突而引入的停顿会影响流水线的性能。消除该结构冲突的另一种方法是，在流水线处理机中设置相互独立的指令存储器和数据存储器，或者将统一的 Cache 分成独立的指令 Cache 和数据 Cache。

在其他因素相同的情况下，没有结构冲突的处理机的性能总是比较高，但是硬件成本会相应增加。一些流水线设计者允许结构冲突的存在，其主要原因是为了减少硬件成本。

9.3.2　数据冲突

1. 数据冲突

当相关的指令靠得足够近时，它们在流水线中的重叠执行或者重新排序会改变指令读/写操作数的顺序，使之不同于它们非流水实现时的顺序，则发生了数据冲突。考虑下列指令在流水线中的执行情况。

```
DADD  R1, R2, R3
DSUB  R4, R1, R5
XOR   R6, R1, R7
AND   R8, R1, R9
OR    R10, R1, R11
```

DADD 指令后的所有指令都要用到 DADD 指令的计算结果，如图 9-7 所示。DADD 指令在其 WB 段（第 5 个时钟周期）才将计算结果写入寄存器 R1，但是 DSUB 指令在其 ID 段（第 3 个时钟周期）就要从寄存器 R1 读取该结果，这就是一个数据冲突。除非采取措施防止这一情况发生，否则 DSUB 指令读到的值就是错误的。XOR 指令也受到这种冲突的影响，它在第 4 个时钟周期从 R1 读出的值也是错误的。而 OR 指令则可以正常操作，因为它是在第 6 个时钟周期才读 R1 的内容。

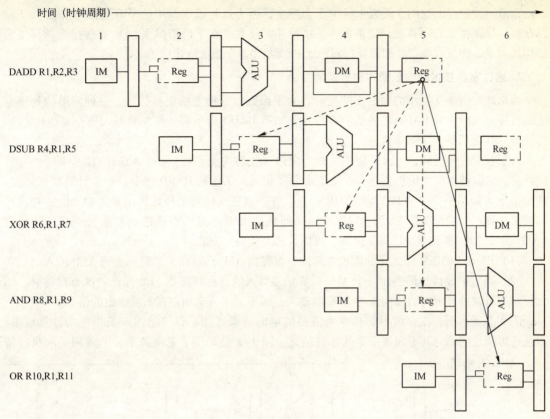

图 9-7 流水线的数据冲突举例

为了使流水线顺利地执行 AND 指令，可以把对通用寄存器组的写操作安排在时钟周期的前半拍完成，把读操作安排在后半拍完成。这样，AND 指令就能及时地读到 DADD 指令刚写进去的结果。

根据指令读访问和写访问的顺序，可以将数据冲突分为 3 种类型。习惯上，这些冲突是按照流水线必须保持的访问顺序来命名的。考虑两条指令 i 和 j，且 i 在 j 之前进入流水线，可能发生如下数据冲突。

(1) 写后读冲突：指令 j 用到指令 i 的计算结果，并且在 i 将结果写入寄存器之前就去读该寄存器，因而得到的是旧值。这是最常见的一种数据冲突，它对应于真数据相关。图 9-7 中的数据冲突都是写后读冲突。

(2) 写后写冲突：指令 j 和指令 i 的结果单元（寄存器或存储器单元）相同，而且 j 在 i 写入之前就先对该单元进行了写入操作，从而导致写入顺序错误。这时，在结果单元留下的是 i 写入的值，而不是 j 写入的值。这种冲突对应于输出相关。

写后写冲突仅发生在下列流水线中：① 流水线中不止一个段可以进行写操作；② 当先前某条指令停顿时，允许其后续指令继续前进。前面介绍的 5 段流水线由于只在 WB 段写寄存器，所以不会发生写后写冲突。如果流水线中允许指令的顺序发生变化，就可能发生这种冲突了。

(3) 读后写冲突：指令 j 的结果单元和指令 i 的源操作数单元相同，而且 j 在 i 读取该单元之前就先对其进行了写操作，导致 i 读取到的值是错误的。这种冲突是由反相关引起的。

读后写冲突在前述的5段流水线中不会发生,因为这种流水线中的所有读操作(在ID段)都在写结果操作(在WB段)之前发生。这种冲突仅发生在下列情况下:① 有些指令的写结果操作提前了,而且有些指令的读操作滞后了;或者②指令被重新排序了。

2. 通过定向技术减少数据冲突引起的停顿

当出现如图9-7所示的写后读冲突时,为了保证指令序列的正确执行,一种简单的处理方法是暂停流水线中的DADD之后的所有指令,知道DADD指令将计算结果写入寄存器R1之后,再让DADD之后的指令继续执行。

为了减少停顿时间,可以采用一种称为定向(也称为旁路或短路)的简单技术来解决写后读冲突。定向技术的关键思想是:在某条指令(如图9-7中的DADD指令)产生计算结果之前,其他指令(如图9-7中的DSUB和XOR指令)并不真正立即需要该计算结果,如果能够将该计算结果从其产生的地方(EX段和MEM段之间的流水寄存器)直接送到其他指令需要的地方(ALU的入口),那么就可以避免停顿。可以这样来实现定向:

(1) EX段和MEM段之间的流水寄存器中保存的ALU运算结果总是回送到ALU的入口。

(2) 当定向硬件检测到前一个ALU运算结果写入的寄存器就是ALU操作的源寄存器时,那么控制逻辑就选择定向的数据作为ALU的输入,而不采用从通用寄存器组读出的值。

图9-7还表明,流水线中的指令所需要的定向结果可能不仅仅是前一条指令的计算结果,而且还可能是前面与其不相邻指令的计算结果。图9-8是采用了定向技术后上述例子的执行情

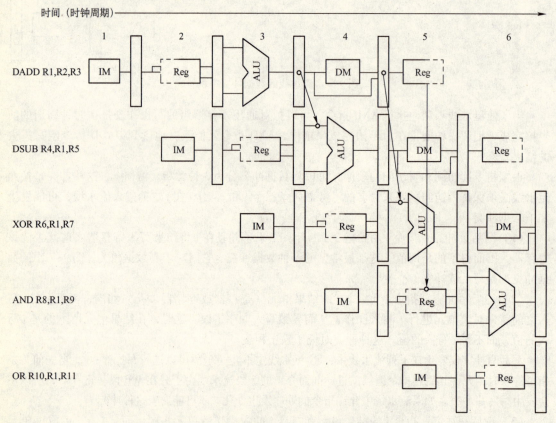

图9-8 采用定向技术后的流水线数据通路

况,其中从流水线寄存器到功能部件入口的连线表示定向路径,箭头表示数据的流向。上述指令序列可以按图 9-8 顺序执行而无须停顿。

上述的定向技术可以推广到更一般的情况:将结果数据从其产生的地方直接传送到所有需要它的功能部件。也就是说,结果数据不仅可以从某一功能部件的数据定向到其自身的输入,而且还可以定向到其他功能部件的输入。

3. 需要停顿的数据冲突

前面讨论了如何采用定向技术来消除数据冲突引起的停顿。但是,并不是所有的数据冲突都可以用定向技术来解决。考虑下述指令序列:

```
LD    R1,0(R2)
DADD  R4,R1,R5
AND   R6,R1,R7
XOR   R8,R1,R9
```

图 9-9 中给出了该指令序列在流水线中执行时所需要的定向路径。显然,从 LD 指令到 AND 指令的定向没有问题,XOR 指令也能从通用寄存器组获得操作数,但从 LD 指令到 DADD 指令的定向却无法实现。LD 指令要到第 4 个时钟周期末尾才能将数据从存储器中读出,而 DADD 指令在第 4 个时钟周期的开始就需要该数据了。所以定向技术不能解决该数据冲突。

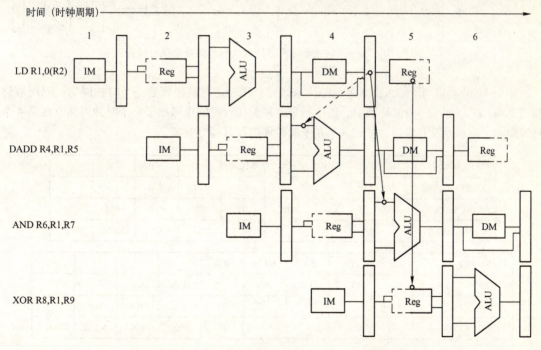

图 9-9 无法将 LD 指令的结果定向到 DADD 指令

为保证上述指令序列在流水线中的正确执行,需要设置一个称为"流水线互锁机制"的功能部件。一般来说,流水线互锁机制的作用是检测、发现数据冲突,并使流水线停顿,直至冲突消失。停顿是从等待相关数据的指令开始,到相应的指令产生该数据为止。停顿导致在流水线中插入气泡,使得被停顿指令的 CPI 增加了相应的时钟周期数。采用流水线互锁机制插入气泡后的指令执行过程如图 9-10 所示。

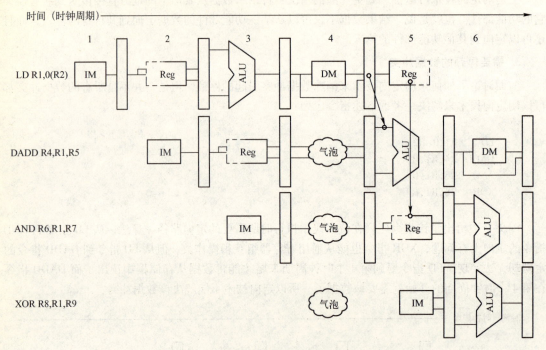

图 9-10 采用流水线互锁机制插入气泡后的指令执行过程

图 9-11 是上述例子加入停顿前后的流水线时空图,这里的停顿是一个时钟周期,因而被停顿指令的 CPI 增加了一个时钟周期,整个指令序列的执行时间也增加了一个时钟周期。在第 4 个时钟周期,流水线没有启动指令,在第 6 个时钟周期没有指令完成。

LD R1,0(R2)	IF	ID	EX	MEM	WB			
DADD R4,R1,R5		IF	ID	EX	MEM	WB		
AND R6,R1,R7			IF	ID	EX	MEM	WB	
XOR R8,R1,R9				IF	ID	EX	MEM	WB

LD R1,0(R2)	IF	ID	EX	MEM	WB			
DADD R4,R1,R5		IF	ID	stall	EX	MEM	WB	
AND R6,R1,R7			IF	stall	ID	EX	MEM	WB
XOR R8,R1,R9				stall	IF	ID	EX	MEM	WB

图 9-11 插入停顿前后的流水线时空图

4. 依靠编译器解决数据冲突

为了减少停顿,对于无法用定向技术解决的数据冲突,可以通过在编译时让编译器重新组织指令顺序来消除冲突,这种技术称为"指令调度"或"流水线调度"。实际上,对于各种冲突,都有可能用指令调度来解决。

例如,采用典型的代码生成方法对表达式 A = B + C 进行处理后,可以得到图 9-12 中第一栏的指令序列。从图 9-12 可以看出,必须在 DADD 指令的执行过程中插入一个停顿周期,才能保证它所用的 C 值是正确的。

LD Rb,B	IF	ID	EX	MEM	WB			
LD Rc,C		IF	ID	EX	MEM	WB		
DADD Ra,Rb,Rc			IF	ID	stall	EX	MEM	WB
SD Ra,A				IF	stall	ID	EX	MEM	WB

图 9-12 A = B + C 的指令序列及其流水线时空图

现在考虑为以下表达式生成代码:

A = B + C;
D = E – F

调度前和调度后的指令序列如表 9-1 所示。这里,DADD Ra,Rb,Rc 与 LD Rc,C 之间存在数据冲突,DSUB Rd,Re,Rf 与 LD Rf,F 之间也是如此。为了保证流水线正确执行调度前的指令序列,必须在指令执行过程中插入两个停顿周期。而在调度后的指令序列中,加大了 DADD 和 DSUB 指令与 LD 指令的距离。通过定向,可以消除数据冲突,因而不必在执行过程中插入任何停顿周期。

表 9-1 调度前后的指令序列

调度前的代码		调度后的代码	
LD	Rb,B	LD	Rb,B
LD	Rc,C	LD	Rc,C
DADD	Ra,Rb,Rc	LD	Re,E
SD	Ra,A	DADD	Ra,Rb,Rc
LD	Re,E	LD	Rf,F
LD	Rf,F	SD	Ra,A
DSUB	Rd,Re,Rf	DSUB	Rd,Re,Rf
SD	Rd,D	SD	Rd,D

9.3.3 控制冲突

在流水线中,控制冲突可能会比数据冲突产生更多的性能损失,所以同样需要进行很好的处理。执行分支指令的结果有两种:一种是分支"成功",PC 值改变为分支转移的目标地址;另一种则是"不成功"或者"失败",这时 PC 的值保持正常递增,指向按原顺序执行的下一条指令。对分支指令"成功"的情况来说,是在条件判定和转移地址计算都完成后,才改变 PC 的值。对于前面介绍的 5 段流水来说,改变 PC 值是在 MEM 段进行的。

处理分支指令最简单的方法是"冻结"或者"排空"流水线。即一旦在流水线的译码段 ID 检测到分支指令，就暂停执行其后的所有指令，直到分支指令到达 MEM 段、确定是否成功并计算出新的 PC 值为止。然后，按照新的 PC 值取指令，如图 9-13 所示。在这种情况下，分支指令给流水线带来了 3 个时钟周期的延迟。这种方法的优点在于其简单性。

分支指令	IF	ID	EX	MEM	WB				
分支目标指令		**IF**	stall	stall	IF	ID	EX	MEM	WB
分支目标指令+1						IF	ID	EX	MEM	WB
分支目标指令+2							IF	ID	EX	MEM
分支目标指令+3								IF	ID	EX

图 9-13 简单处理分支指令：分支成功的情况

在后面的叙述中，把分支指令引起的延迟称为分支延迟。

图 9-14 是分支失败时的时空图。可以看出，在这种情况下，分支后面第一条指令已经正确取出，重复 IF 周期就毫无必要。此外，流水线空等也不是一种好的选择。后面将讨论如何充分利用这一事实来改善流水线处理分支指令的性能。

分支指令	IF	ID	EX	MEM	WB				
分支后继指令		**IF**	stall	stall	IF	ID	EX	MEM	WB
分支后继指令+1						IF	ID	EX	MEM	WB
分支后继指令+2							IF	ID	EX	MEM
分支后继指令+3								IF	ID	EX

图 9-14 简单处理分支指令：分支失败的情况

分支指令在目标代码中出现的频率是不低的，统计结果表明，每 3～4 条指令就有一条是分支指令。假设分支指令出现的频率是 30%，流水线理想的 CPI 为 1，那么在上述分支延迟为 3 个时钟周期的情况下，流水线的实际 CPI 为 1.9，所带来的性能损失是相当大的。所以降低分支延迟对于充分发挥流水线的效率是十分重要的。

为减少分支延迟，可采取以下措施：
（1）在流水线中尽早判断出分支转移是否成功。
（2）尽早计算出分支目标地址。

这两种措施要同时采用，缺一不可。因为只有判断出转移是否成功且得到分支目标地址后才能进行转移。在下面的讨论中，假设这两步工作被提前到 ID 段完成，即分支指令是在 ID 段的末尾执行完成，所带来的分支延迟为一个时钟周期。

减少分支延迟的方法有许多种。下面只介绍 3 种通过软件（编译器）来处理的方法。这 3 种方法有一个共同的特点，就是它们对分支的处理方法在程序的执行过程中始终是不变的，是静态的。它们要么总是预测分支成功，要么总是预测分支失败。

1. 预测分支失败

在译码段 ID 检测到分支指令时，如果流水线不空等，而是预测分支的两条执行路径中的一条，继续处理后续指令，就可以提高分支指令的处理性能。预测有两种选择：猜测分支成功、猜测分支失败。不论采用哪一种，都可以通过编译器来优化性能，即让代码中最常执行的路径与所选的预测方向一致。

预测分支失败的方法是沿失败的分支继续处理指令，即允许该分支指令后的指令继续在流水线中流动，就好像什么都没发生似的。当确定分支是失败时，那么可以将分支指令看成一条普通指令，流水线正常流动，如图 9-15（a）所示；当确定分支是成功时，流水线就把在分支指令之后取出的所有指令转化为空操作，并按分支目标地址重新取指令执行，如图 9-15（b）所示。

分支指令 i	IF	ID	EX	MEM	WB			
指令 i+1		IF	ID	EX	MEM	WB		
指令 i+2			IF	ID	EX	MEM	WB	
指令 i+3				IF	ID	EX	MEM	WB
指令 i+4					IF	ID	EX	MEM	WB

(a) 分支失败

分支指令 i	IF	ID	EX	MEM	WB			
指令 i+1		IF	idle	idle	idle	idle		
分支目标指令			IF	ID	EX	MEM	WB	
分支目标指令+1				IF	ID	EX	MEM	WB
分支目标指令+2					IF	ID	EX	MEM	WB

(b) 分支成功

图 9-15　采用预测分支失败方法的流水线时空图

采用这种方法处理分支指令的后续指令时，要保证分支结果出来之前不会改变处理机的状态，以便一旦猜错时，处理机能够恢复到原先的状态。

2. 预测分支成功

这种方法按分支成功的假设进行处理。当流水线 ID 段检测到分支指令后，一旦计算出了分支目标地址，就开始从该目标地址取指令执行。

在前述 5 段流水线中，因为判断分支是否成功与分支目标地址计算是在同一流水段完成的，所以这种方法对减少该流水线的分支延迟没有任何好处。而在其他的一些流水线处理机中，特别是那些具有隐含设置条件码或分支条件更复杂（因而更慢）的流水线处理机中，在确定分支是否成功之前，就能得到分支的目标地址。这时采用这种方法便可以减少分支延迟。

3. 延迟分支

这种方法的主要思想是从逻辑上"延长"分支指令的执行时间。把延迟分支看成由原来的分支指令和若干延迟槽构成的：

```
分支指令
延迟槽 1(顺序后继指令 1)
……
延迟槽 m(顺序后继指令 m)
```

不论分支是否成功，都要按顺序执行延迟槽中的指令。延迟分支成功和失败两种情况下执行的指令序列如图 9-16 所示。

分支指令
顺序后继指令 1(延迟槽 1)
……
顺序后继指令 m(延迟槽 m)
分支目标指令

（a）分支成功的情况

分支指令
顺序后继指令 1(延迟槽 1)
……
顺序后继指令 m(延迟槽 m)
顺序后继指令 m+1

（b）分支失败的情况

图 9-16　延迟分支成功和失败的两种情况

在采用延迟分支的实际机器中，绝大多数情况下只有一个延迟槽。这时，流水线的执行情况如图 9-17 所示。可以看出，只要分支延迟槽中的指令是有用的，流水线中就不会出现停顿，这时，延迟分支的方法能很好地减少分支延迟。

分支指令 i	IF	ID	EX	MEM	WB				
延迟槽指令 i+1		IF	ID	EX	MEM	WB			
指令 i+2			IF	ID	EX	MEM	WB		
指令 i+3				IF	ID	EX	MEM	WB	
指令 i+4					IF	ID	EX	MEM	WB

（a）分支失败

分支指令 i	IF	ID	EX	MEM	WB				
延迟槽指令 i+1		IF	ID	EX	MEM	WB			
分支目标指令 j			IF	ID	EX	MEM	WB		
分支目标指令 j+1				IF	ID	EX	MEM	WB	
分支目标指令 j+2					IF	ID	EX	MEM	WB

（b）分支成功

图 9-17　延迟分支的执行情况

选择放入延迟槽中的指令是由编译器完成的。实际上，延迟分支能否带来好处完全取决于编译器能否把有用的指令调度到延迟槽中。这也是一种指令调度技术。常用的调度方法有 3 种：从前调度、从目标处调度、从失败处调度，如图 9-18 所示。其中，上面方框中的代码是调度前的，下面方框中的代码是调度后的。

图 9-18（a）表示的是从前调度，它是把位于分支指令之前的一条独立的指令移到延迟槽。当无法使用从前调度时，就使用图 9-18（b）或图 9-18（c）的方法。在图 9-18（b）和图 9-18（c）的指令序列中，由于分支指令是使用 R1 来判断的，所以不能把产生 R1 值的 DADD 指令调度到延迟槽。图 9-18（b）表示的是从目标处调度，它是把目标处的指令复制到延迟槽。之所以是复制，而不是把该指令移过去，是因为从别的路径可能也要执行到该指令。需要说明的是，这时需要修改分支指令的目标地址，如图 9-18（b）中的箭头所示。从目标处调度实际上是猜测了分支是成功的。所以当分支成功概率比较高时（例如循环转移），采用这种方法比较好；否则，采用从失败出调度比较好，如图 9-18（c）所示。需要注意的是，当猜测错误时，要保证图 9-18（b）和 9-18（c）中调度到延迟槽中的指令执行不会影响程序的正确性（当然，这时延迟槽中的指令是无用的）。

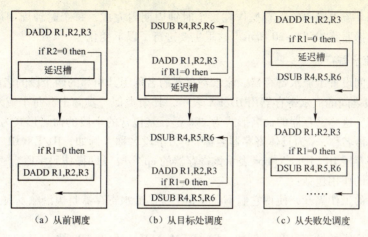

图 9-18 调度分支指令的 3 种常用方法

上述方法受到两个方面的限制：一个是可以被放入延迟槽中的指令要满足一定的条件，另一个是编译器预测分支转移方向的能力。为了提高编译器在延迟槽中放入有用指令的能力，许多处理机采用了分支取消机制。在这种机制中，分支指令隐含了预测的分支执行方向。当分支的实际执行方向和事先所预测的一样时，执行分支延迟槽中的指令，否则就将分支延迟槽中的指令转化成一个空操作。图 9-19 给出了预测分支成功的情况下，分支取消机制在分支成功和失败两种情况下的执行情况。

分支指令 i(失败)	IF	ID	EX	MEM	WB				
延迟槽指令 i+1		IF	idle	idle	idle	idle			
指令 i+2			IF	ID	EX	MEM	WB		
指令 i+3				IF	ID	EX	MEM	WB	
指令 i+4					IF	ID	EX	MEM	WB

(a) 分支失败

分支指令 i(成功)	IF	ID	EX	MEM	WB				
延迟槽指令 i+1		IF	ID	EX	MEM	WB			
指令 i+2			IF	ID	EX	MEM	WB		
指令 i+3				IF	ID	EX	MEM	WB	
指令 i+4					IF	ID	EX	MEM	WB

(b) 分支成功

图 9-19 预测分支成功的情况下，分支取消机制的执行情况

9.4 流水线的实现

本节在 8.6 节精简指令集的多周期 CPU 设计基础上，完成 5 级流水的 CPU 设计。设计采用的是 8.6.1 节给出的指令系统。

9.4.1 基本数据通路

在 9.6 节给出的设计方案中，把每一个时钟周期完成的工作看成流水线的一段，很容易将之

改造为流水实现。流水段中的所有操作在一个时钟周期内完成,每个时钟周期启动一条新的指令。改造后的数据通路如图 9-20 所示。这里主要进行了以下变化。

1. 设置了流水寄存器

在段与段之间设置了流水寄存器。流水寄存器的名称用其相邻的两个段的名称拼合而成。例如 ID 段与 EX 段之间的流水寄存器用 ID/EX 表示,其余类似。实际上,每个流水寄存器是由若干寄存器构成的,这些寄存器的命名形式为"x.y",其包含的字段的命名形式为"x.y[s]",其中 x 为流水寄存器名称,y 为具体寄存器名称,s 为字段名称。例如,ID/EX.IR 表示流水寄存器 ID/EX 中的子寄存器 IR,ID/EX[op] 表示该寄存器的 op 字段(即操作码字段)。

流水寄存器的作用包括:

(1) 将各段的工作隔开,使得它们不会互相干扰。流水寄存器是边沿触发写入的,这点非常重要。

(2) 保存相应段的处理结果。例如,EX/MEM.ALUout 保存 EX 段 ALU 的运算结果,MEM/WB.LMD 保存 MEM 段从数据存储器读出的数据。

(3) 向后传递后面将要用到的数据或者控制信息。例如,EX/MEM.B 传递 ID/EX.B 的内容(在 ID 段从通用寄存器读出),供 MEM 段写入存储器时使用。MEM/WB.ALUout 传递 EX/MEM.ALUout 的内容,供在 WB 段写入寄存器时使用。ID/EX.IR、EX/MEM.IR、MEM/WB.IR 向后传递指令字的相关信息。随着指令在流水线中的流动,所有有用的数据和控制信息在每个时钟周期会往后流动一段(复制过去)。当然,在传递过程中,只保存后面需要用到的数据和信息,丢弃不再需要的信息。

如果把 PC 也看成 IF 段的流水寄存器,那么每个段都有一个流水寄存器,它位于该流水段的前面,提供指令在该段执行所需要的所有数据和控制信息。

2. 增设 IR 及回送连接

增加了向后传递 IR 和从 MEM/WB.IR 回送到通用寄存器组的连接。

当一条指令从 ID 段流到 EX 段时,新的指令会进入 ID 段,冲掉 IF/ID 中的内容。所以指令中的有用信息必须跟着指令流动到 ID/EX.IR。依此类推,后面需要用到的指令信息要依次往后传递,直到 MEM/WB.IR,其中的目标寄存器地址回送到通用寄存器组,用于实现结果回写到通用寄存器组。实际上,除了传递 IR 之外,还增加了其他一些数据的传递连接,这一点从图 9-20 可以清楚地看出。

3. 将对 PC 的修改提前

对 PC 的修改移到了 IF 段,以便 PC 能及时地加 1,为取下一条指令做好准备。

表 9-2 给出了各种指令在每一个流水段进行的操作。根据 8.6 节的指令系统设计,表中 IR[rs] 是指 IR 的第 9 位到第 11 位,即 $IR_{9..11}$;IR[rt] 是指 $IR_{6..8}$;IR[rd] 是指 $IR_{3..5}$。

为了控制流水线的工作,需要确定图 9-20 中的 4 个多路选择器的具体工作。

(1) MUX1:若 EX/MEM.IR 中的指令是分支指令,而且 EX/MEM.Cond 为真,或者 EX/MEM.IR 中的指令是转移指令,则选择上面那个输入(EX/MEM.ALUout);否则选择下面那个输入(PC+1)。

(2) MUX2:若 ID/EX.IR 中的指令是分支指令、转移指令 J 或转移指令 JAL,则选择上面那个输入(ID/EX.NPC);否则选择下面那个输入(ID/EX.A)。

(3) MUX3:若 ID/EX.IR 中的指令是寄存器-寄存器型 ALU 指令或转移指令 JR,则选择上面那个输入(ID/EX.B);否则选择下面那个输入(ID/EX.Imm)。

第 9 章 流水线 CPU 的设计

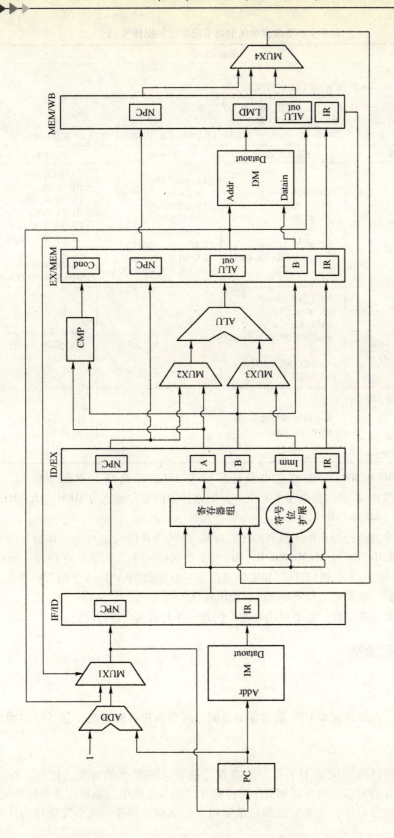

图 9-20 基本流水线的数据通路

表 9-2 基本流水线的每个流水段的操作

流水段	所有指令			
IF	IF/ID. IR←IM[PC]; IF/ID. NPC,PC←(IF EX/MEM. cond｜EX/MEM. ALUout｜else｜PC+1);			
ID	ID/EX. A←Reg[IF/ID. IR[Rs]];ID/EX. B←Reg[IF/ID. IR[Rt]]; ID/EX. NPC←IF/ID. NPC;ID/EX. IR←IF/ID. IR; ID/EX. IMM←(IF/ID. IR5)^{10}## IF/ID. IR(5..0) 或者 ID/EX. IMM←(IF/ID. IR11)^4## IF/ID. IR(11..0);			
	ALU 指令	SW/LW 指令	分支指令	转移指令
EX	EX/MEM. IR← ID/EX. IR; EX/MEM. ALUout← ID/EX. A func ID/EX. B 或 EX/MEM. ALUout← ID/EX. A op ID/EX. Imm	EX/MEM. IR← ID/EX. IR; EX/MEM. B← ID/EX. B; EX/MEM. ALUout← ID/EX. A + ID/EX. Imm	EX/MEM. IR← ID/EX. IR; EX/MEM. NPC← ID/EX. NPC; EX/MEM. Cond← CMP; EX/MEM. ALUout← ID/EX. NPC + ID/EX. Imm	EX/MEM. IR← ID/EX. IR; EX/MEM. NPC← ID/EX. NPC; EX/MEM. ALUout← ID/EX. NPC + ID/EX. Imm 或 EX/MEM. ALUout← ID/EX. A + ID/EX. B
MEM	MEM/WB. IR← EX/MEM. IR; MEM/WB. ALUout← EX/MEM. ALUout;	MEM/WB. IR← EX/MEM. IR; MEM/WB. LMD← Mem[EX/MEM. ALUout] 或 Mem[EX/MEM. ALUout]← EX/MEM. B		MEM/WB. NPC← EX/MEM. NPC;
WB	Reg[MEM/WB. IR[Rd]]← MEM/WB. ALUout 或 Reg[MEM/WB. IR[Rt]]← MEM/WB. ALUout	Reg[MEM/WB. IR[Rt]]← MEM/WB. LMD		Reg[7]← MEM/WB. NPC

(4) MUX4:若 MEM/WB. IR 中的指令是转移指令 JAL,则选择上面那个输入(MEM/WB. NPC);若 MEM/WB. IR 中的指令是 LW 指令,则选择中间那个输入(MEM/WB. LMD);否则选择下面那个输入(MEM/WB. ALUout)。

此外,还有一个多路选择器在图中没有画出,即从 MEM/WB 回传至通用寄存器组的写入地址应该是从 MEM/WB. IR[Rd]、MEM/WB. IR[Rt]和 7 中选择一个。如果是寄存器-寄存器型 ALU 指令,应该选择 MEM/WB. IR[Rd];如果是寄存器-立即数型 ALU 指令和 LW 指令,应该选择 MEM/WB. IR[Rt];如果是转移指令 JAL,应该选择 7。

此外,该流水线要正常工作,还要解决好冲突问题,并对流水线进行改进。

9.4.2 改进的数据通路

1. 解决冲突

根据前面的描述,在设计流水 CPU 的数据通路时,还要解决各种冲突,包括结构冲突、控制冲突和数据冲突。

1) 结构冲突

结构冲突是由于硬件资源满足不了指令重叠执行的要求而发生的冲突。比如,在流水线 CPU 中如果只设计一个存储器,则数据和指令都存储在这个存储器中。如果在某个时钟周期内,既要完成某条指令的访存操作,又要完成其后某条指令的取指令操作,就会发生结构冲突,如

第 9 章 流水线 CPU 的设计

图 9-4 所示。可以本着"缺什么补什么"的原则避免出现资源冲突。本次设计中，采取资源重复设置的方法解决结构冲突，如在流水线处理机中设置独立的指令存储器和数据存储器，这一点在图 9-20 给出的基本数据通路中已经体现出来。

2）控制冲突

控制冲突是指当流水线遇到分支指令，或其他会改变 PC 值的指令所引起的冲突。执行分支指令的结果有两种：一种是分支成功，PC 值将改变为转移目标地址；另一种是分支失败，这时 PC 的值保持正常递增，指向按原顺序执行的下一条指令。在 8.5 节给出的 CPU 设计中，改变地址在 MEM 段完成，若加入流水线设计，势必造成取下一条指令时，分支目标地址还未计算出来、分支条件是否成立还未判断出来的情况，从而产生控制冲突。

解决控制冲突的办法有停顿、预测分支失败、预测分支成功、延迟分支等手段。如果使用停顿的方法解决控制冲突，将会带来三个周期的延迟，如图 9-13、图 9-14 所示。为了提高性能，本设计采用了延迟分支技术解决控制冲突。

延迟分支技术的主要思想是，从逻辑上"延长"分支指令的执行时间。把延迟分支（跳转）看成是由原来的分支（跳转）指令和若干延迟槽构成的。放入延迟槽的指令是由编译器完成的。本设计中，设置了一个指令的延迟槽，由于本次实验不包括编译器的设计，设计时，考虑在分支或跳转指令后手动加一条空指令。

在如图 9-20 所示的基本流水数据通路中，分支指令的条件测试、分支及跳转目标地址计算是在 EX 段完成的，对 PC 的修改是在 MEM 段完成的。它所带来的分支（跳转）延迟是 3 个时钟周期。为了减少分支（跳转）延迟，需尽早完成这些工作。为此，需要在 ID 段增设一个加法器，用于分支及跳转的目标地址计算，并把条件测试部件移到 ID 段。这些结果要直接回送到 IF 段的 MUX1，如图 9-21 所示。改进后的流水线对分支指令的处理变成了表 9-3 的操作。其中，加粗部分表示与表 9-4 不同的操作。改进后的分支（跳转）延迟变成了一个时钟周期。

表 9-3 改进后流水线的分支操作

流水段	分支（跳转）指令
IF	IF/ID. IR←IM[PC]； **IF/ID. NPC, PC←(IF. cond {IF/ID. NPC + (IF/ID. IR5)^{10}## IF/ID. IR(5..0)} else{PC +1})** 或 **IF/ID. NPC, PC←(IF. cond {IF/ID. NPC + (IF/ID. IR11)^{4}## IF/ID. IR(11..0)} else{PC +1})**
ID	ID/EX. A←Reg[IF/ID. IR[Rs]]; ID/EX. B←Reg[IF/ID. IR[Rt]]; ID/EX. NPC←IF/ID. NPC; ID/EX. IR←IF/ID. IR; ID/EX. IMM←(IF/ID. IR5)^{10}## IF/ID. IR(5..0) 或者 ID/EX. IMM←(IF/ID. IR11)^{4}## IF/ID. IR(11..0);
EX	
MEM	
WB	

值得注意的是，由于采用了延迟分支（跳转）的方法解决控制冲突，JAL 指令的下一条指令是手动加入的空指令，其下下条指令才是返回地址（PC +2）。为保证正确链接，需要在 EX 段增加一个加法器，在 PC +1 的基础上再加 1，如图 9-22 所示。

3）数据冲突

数据冲突是指当指令在流水线中重叠执行时，因用到前面指令的执行结果而引发的冲突。

对于前述的流水线而言，所有的数据冲突均可以在 ID 段检测到。如果存在数据冲突，就在相应的指令流出 ID 段之前将其暂停。完成该工作的硬件称为流水线的互锁机制。类似地，若采用了定向技术，可以在 ID 段确定需要什么样的定向，并设置相应的控制。这样处理后，就不必在流水

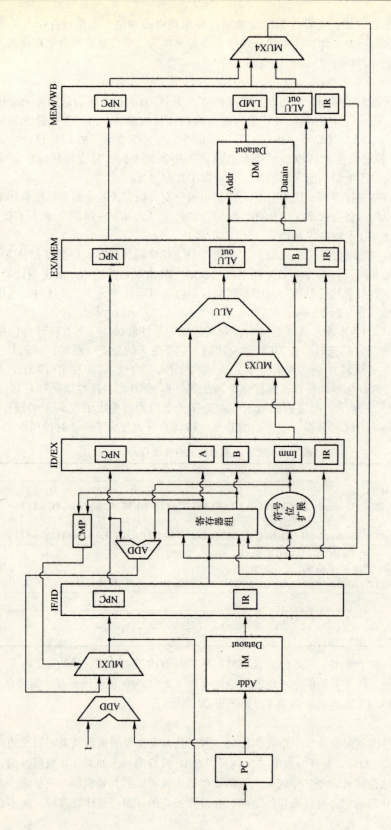

图9-21 为减少分支（跳转）延迟，改进后的流水线数据通路

第 9 章 流水线 CPU 的设计

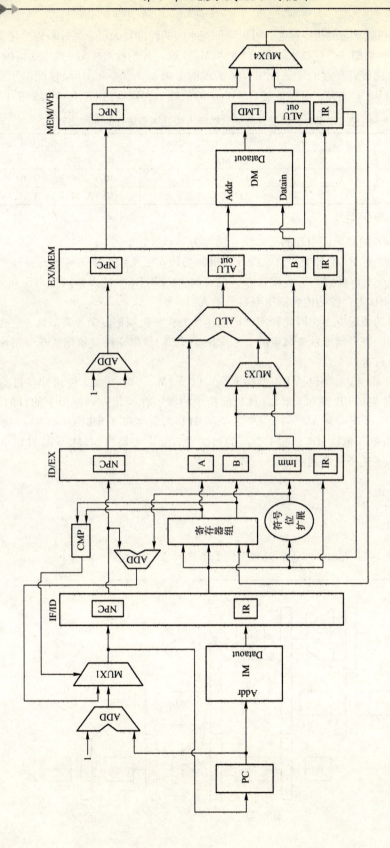

图9-22 设置延迟槽,改进后的流水线数据通路

过程中将已经改变了机器状态的指令挂起,可以降低流水线的硬件复杂度。另外一种处理方法是在使用操作数的那个时钟周期(上述流水线中的 EX 和 MEM 段)开始检测冲突并确定必需的定向。

检测冲突是通过比较寄存器地址是否相等来实现的。例如,若要在 ID 段检测由于使用 load 指令的结果而导致的 RAW 冲突,可以通过表 9-4 中的比较来实现(这时,load 指令在 EX 段)。

表 9-4 在 ID 段为检测是否需要启动流水线互锁而进行的 3 种比较

ID/EX 中的操作码(ID/EX. IR[op])	IF/ID 中的操作码(IF/ID. IR[op])	比较的操作数字段
load	RR ALU	ID/EX. IR[rt] = IF/ID. IR[rs]
load	RR ALU	ID/EX. IR[rt] = IF/ID. IR[rt]
load	load、store、ALU 立即数或分支	ID/EX. IR[rt] = IF/ID. IR[rs]

注:RR 表示寄存器-寄存器型。

这种由于使用 load 的结果而引起的流水线互锁称为 load 互锁。

一旦硬件检测到上述 RAW 冲突,流水线互锁机制必须在流水线中插入停顿,并使当前正处于 IF 段和 ID 段的指令不再前进。为实现这点,只要将 ID/EX. IR 中的操作码改为全 0 (全 0 表示空操作),并将 IF/ID 寄存器的内容回送到自己的入口。

定向逻辑要考虑的情况更多,因此其实现比上述冲突检测机制更复杂。类似地,它也是通过比较流水线寄存器中的寄存器地址来确定的。考虑图 9-22 的数据通路,依据 8.6 节给出的指令系统,可能的情况大致有以下几种。

(1)当前指令为 alu 指令(包括 RR 型和 I 型)以及 LW、SW 指令(包括计算目的地址),上一条是 ALU 指令(包括 RR 型和 I 型),且当前指令的源寄存器是上一条指令的目的寄存器,则需由 EX/MEM. ALUout 定向到 ALU 的输入端;当前 ALU 指令(包括 RR 型和 I 型)中的源寄存器为其上上条 ALU 指令(包括 RR 型和 I 型)的目的寄存器,则需由 MEM/WB. ALUout 定向到 ALU 的输入端。例如下述指令序列:

```
ADD R3,R1,R2
SUB R4,R5,R3
OR R1,R3,R2
```

其定向路径如图 9-23 所示。改进后的数据通路如图 9-24 所示。

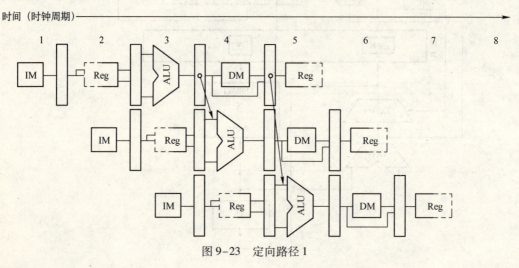

图 9-23 定向路径 1

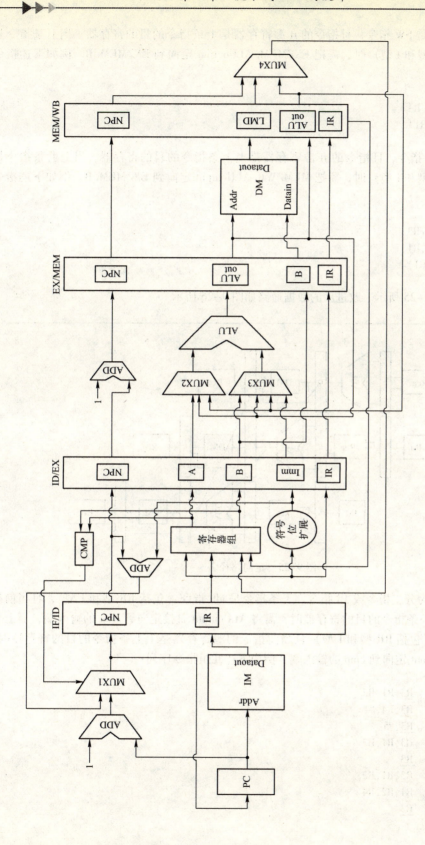

图9-24 增加定向路径1后的流水线数据通路

(2) 当前指令是 SW 指令，且指令的 rt 源寄存器是上条指令的目的寄存器。当上条指令是 alu 指令（包括 RR 型和 I 型）时，需把 EX/MEM. ALUoutput 定向到 EX/MEM. B。例如下述指令序列：

```
ADD R2,R0,R3
SW  R2,0(R1)
```

当前指令是 SW 指令，且指令的 rt 源寄存器是上上条指令的目的寄存器。当上上条指令是 alu 指令（包括 RR 型和 I 型）时，需把 MEM/WB. ALUoutput 定向到 EX/MEM. B。例如下述指令序列：

```
ADD R2,R0,R3
AND R3,R0,R1
SW  R2,0(R1)
```

定向路径如图 9-25 所示。改进后的数据通路如图 9-26 所示。

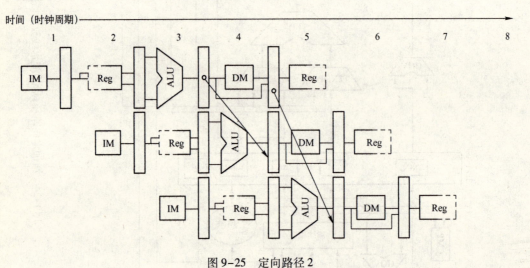

图 9-25　定向路径 2

(3) 当前指令为分支指令或 JR 指令，上条指令是 alu 指令（包括 RR 型和 I 型），且当前指令的源寄存器是上一条指令的目的寄存器时，需将 ALUoutput 直接定向到 cmp 的输入端；当上上条指令是 alu 指令（包括 RR 型和 I 型）且当前指令的源寄存器是上上条指令的目的寄存器时，需把 EX/MEM. ALUout 定向到 cmp 的输入端。例如下述几组指令序列：

```
Eg1:ADD  R3,R1,R2
    BNE  R3,R4,#4
    BEQZ R3,#5
Eg2:ADD  R3,R1,R2
    JR   R3
Eg3:ADD  R3,R1,R2
    SUB  R1,R2,R4
    JR   R3
```

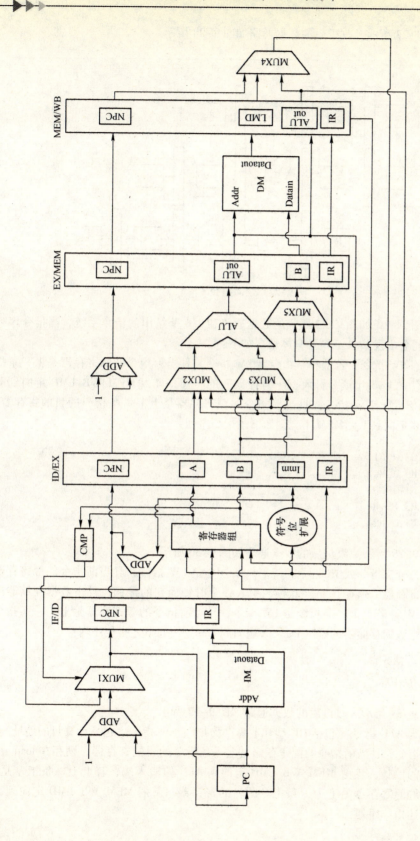

图9-26 增加定向路径2后的流水线数据通路

定向路径如图 9-27 所示。改进后的数据通路如图 9-28 所示。

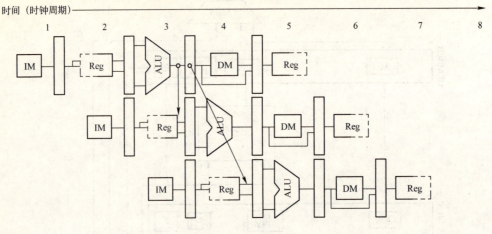

图 9-27　定向路径 3

根据前面的介绍，考虑如图 9-22 所示的数据通路和 8.6 节给出的指令系统，当指令序列中有 LW 指令时，可能会出现 load 互锁。具体情况如下：

(4) 当前指令为 SW 指令。若上一条指令是 LW 指令，且当前指令的源寄存器是上一条指令的目的寄存器时，存在 load 互锁，引入一个时钟周期的停顿，且由 MEM/WB.LMD 定向到 EX/MEM.B；若上上一条指令是 lw 指令，且当前指令的源寄存器是上上一条指令的目的寄存器时，需把 MEM/WB.LMD 定向到 EX/MEM.B。例如下述指令序列：

```
Eg1:LW    R3,0(R1)
    SW    R3,0(R4)
Eg2:LW    R1,0(R0)
    AND   R3,R0,R4
    SW    R1,0(R2)
```

定向路径如图 9-29 所示。改进后的数据通路如图 9-30 所示。

(5) 当前指令为分支指令或 JR 指令。若上一条指令是 LW 指令，且当前指令的源寄存器是上一条指令的目的寄存器，则存在 load 互锁，引入一个时钟周期的停顿，且由数据存储器的输出 Dataout 定向到 CMP。若上上一条指令是 LW 指令，且当前指令的源寄存器是上上一条指令的目的寄存器时，需把数据存储器的输出 Dataout 定向到 cmp。例如下述指令序列：

```
LW     R3,0(R1)
BEQ    R3,R4,loop
```

定向路径如图 9-31 所示。改进后的数据通路如图 9-32 所示。

(6) 当前指令为 ALU 指令（包括 RR 型和 I 型）及 LW、SW 指令（包括计算目的地址）。若上一条指令是 LW 指令，且当前指令的源寄存器是上一条指令的目的寄存器，则存在 load 互锁，引入一个时钟周期的停顿，且由 MEM/WB.LMD 定向到 ALU 的输入端；若上上一条指令是 LW 指令，且当前指令的源寄存器是上上一条指令的目的寄存器，需把 MEM/WB.LMD 定向到 ALU 的输入端。例如下述指令序列：

第 9 章 流水线 CPU 的设计

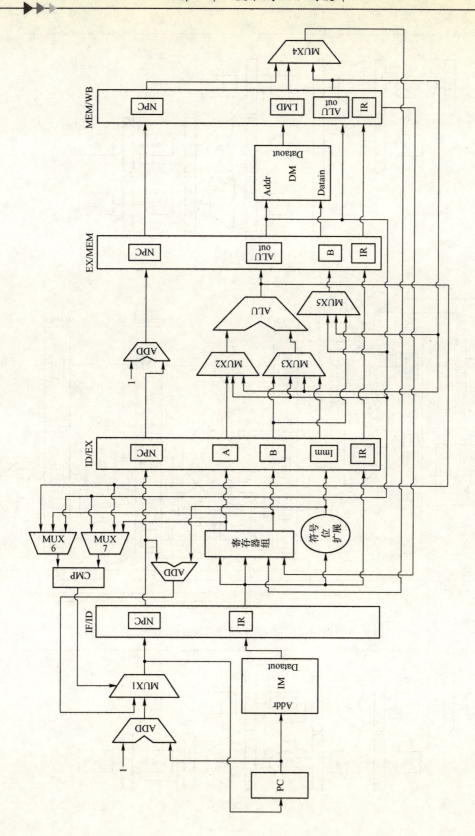

图 9-28 增加定向路径 3 后的流水线数据通路

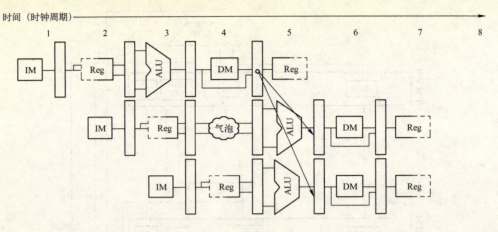

图 9-29 定向路径 4

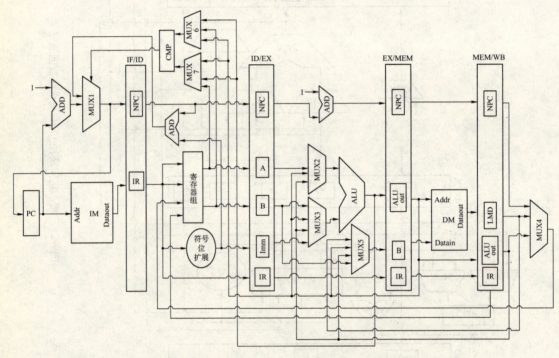

图 9-30 增加定向路径 4 后的流水线数据通路

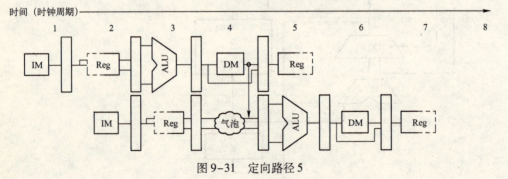

图 9-31 定向路径 5

第9章 流水线 CPU 的设计

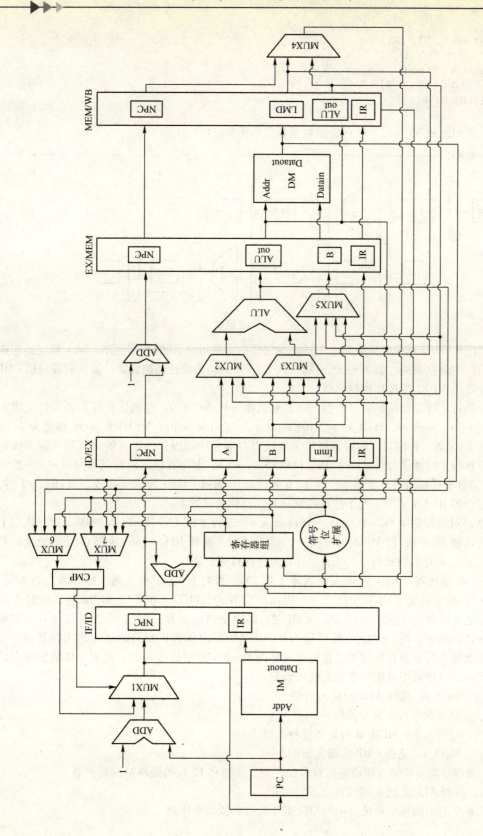

图9-32 增加定向路径5后的流水线数据通路

155

```
Eg1:LW    R3,0(R1)
      SUB    R2,R3,R4
Eg2:LW    R1,0(R0)
      ADD    R2,R0,R3
SUB R3,R4,R1
```

定向路径如图 9-33 所示。改进后的数据通路如图 9-34 所示。

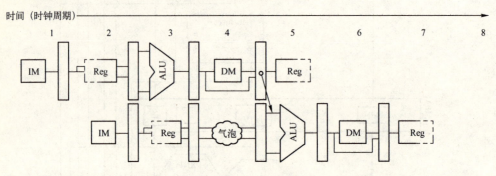

图 9-33　定向路径 6

观察如图 9-34 所示的数据通路，它还缺少完整的实现指令 JR 的数据通路。加上相应的连接线，得到最终的数据通路，如图 9-35 所示，其中 CPM 的输出将接到控制器，由控制器根据 CMP 及当前指令给出 MUX1 的选择控制信号。

为每个执行部件添加控制信号，得到数据通路如图 9-36 所示。控制信号控制各器件完成实际操作，pc_write、regwrite、IFID_write、IDEX_write、EXMEM_write、MEMWB_write 都是为'1'时有效，为'0'时无效，控制对应的寄存器或流水线寄存器完成写操作。所有的寄存器及流水线寄存器还都存在输入时钟信号（clock）和复位信号（reset），主存有输入时钟信号（clock）。控制命令 Wren 是数据存储器的写使能端，为'1'有效，为'0'无效。clear 为清空信号，当 clear = 1 时，将流水线寄存器 ID/EX 清零。几个选择控制信号的具体含义如下。

Mux1_s：对输入数据 PC + 1、NPC + Imm 和 A + B 进行选择（若 Mux1_s = "00"，顺序执行下一条指令，选择 PC + 1；若 Mux1_s = "01"，分支成功，选择 NPC + Imm 为转移目标地址；若 Mux1_s = "10"，寄存器跳转指令，选择 A + B 为转移目标地址）。

CMP_s：控制比较器 CMP 实现 A 是否等于 0，A 是否大于 0，A 和 B 两个操作数是否相等，输出恒为'1'，输出恒为'0'几种功能之一。当指令为 BEQ、BGTZ、BNEZ、BEQZ 时，根据 A 和 B 的值得出比较结果；当指令为 J、JAL 及 JR 时，CMP 的输出恒为 1；当指令为其他（算术逻辑运算指令和访存指令）时，CMP 的输出恒为 0。CMP 的输出作为控制器的输入送入控制器，控制器可利用此输入信息及其他相关信息发出具体的 Mux1_s 控制信号（注：根据具体的整体设计方案，读者可以设计采用其他工作方式的比较器）。

Mux2_s，Mux3_s：选择 ALU 的输入数据。

Mux4_s：选择数据写入寄存器组。

Mux5_s：对写入 EX/MEM.B 的数据进行选择。

Mux6_s，Mux7_s：选择 CMP 的输入数据。

ex_s：选择是将 6 位的立即数进行符号位扩展，还是将 12 位的偏移量进行扩展。

ALU_s：控制 ALU 实现不同的算术逻辑运算。

依据 8.6 节给出的指令系统，可以写出指令流程和微命令序列。

第 9 章 流水线 CPU 的设计

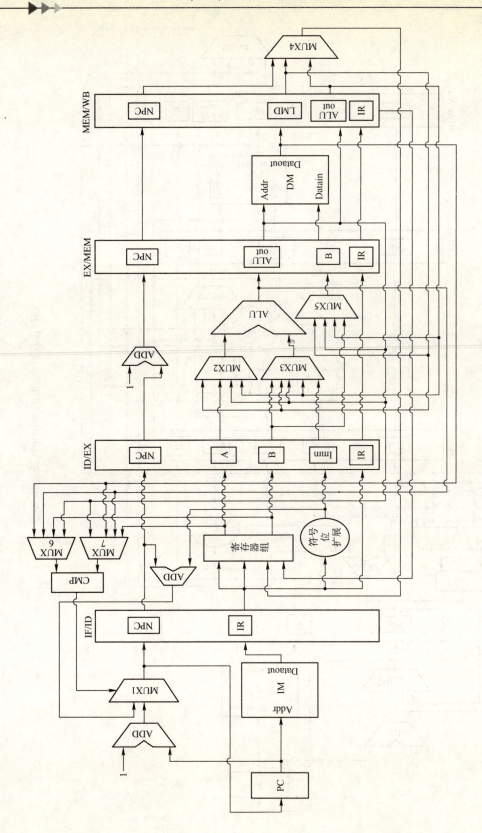

图9-34 增加定向路径6后的流水线数据通路

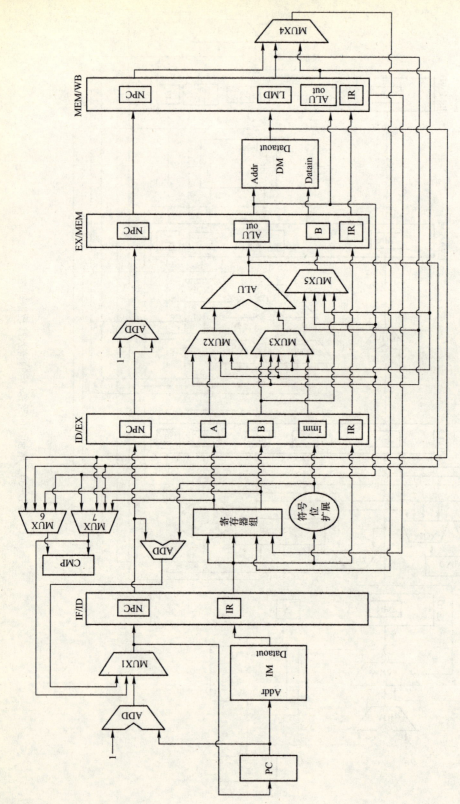

图9-35 增加JR指令后的流水线数据通路

第 9 章 流水线 CPU 的设计

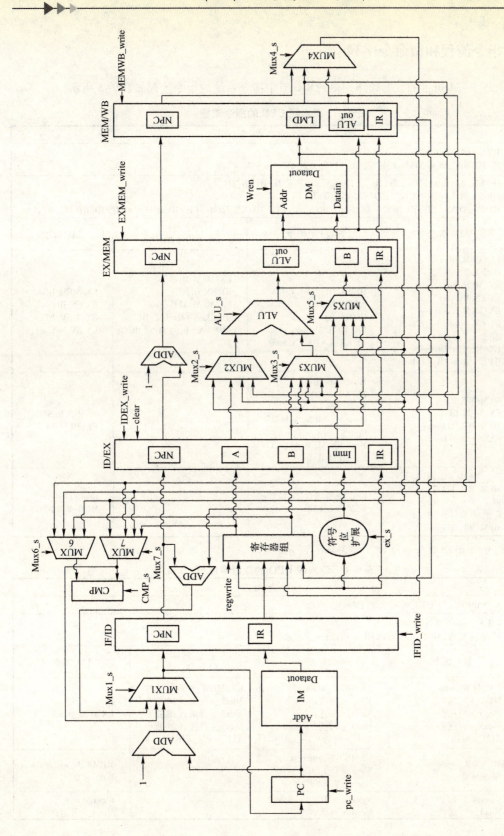

图9-36 添加控制信号后的流水线数据通路

9.4.3 指令流程和微命令序列

根据如图 9-34 所示的数据通路,得到 8.6 节中指令系统的指令流程如表 9-5 所示。

表 9-5 流水线 CPU 的指令流程

流水段	所有指令			
IF	IF/ID. IR←IM[PC]; IF/ID. NPC, PC←NPC + Imm 或 PC←PC + 1 或 PC←A + B;			
ID	ID/EX. A←Reg[IF/ID. IR[Rs]];ID/EX. B←Reg[IF/ID. IR[Rt]]; ID/EX. NPC←IF/ID. NPC;ID/EX. IR←IF/ID. IR; ID/EX. IMM←(IF/ID. IR5)[10]##IF/ID. IR(5..0) 或者 ID/EX. IMM←(IF/ID. IR11)[4]##IF/ID. IR(11..0);			
	ALU 指令	SW/LW 指令	分支/转移 (不包含 JAL)指令	JAL 指令
EX	EX/MEM. IR← ID/EX. IR; EX/MEM. B← ID/EX. B; EX/MEM. ALUout← ID/EX. A func ID/EX. B 或 EX/MEM. ALUout← ID/EX. A op ID/EX. Imm	EX/MEM. IR← ID/EX. IR; EX/MEM. B← ID/EX. B; EX/MEM. ALUout← ID/EX. A + ID/EX. Imm	EX/MEM. IR← ID/EX. IR; EX/MEM. ALUout← ID/EX. A + ID/EX. B (ID/EX. B 为 R0)(JR 指令)	EX/MEM. IR← ID/EX. IR; EX/MEM. NPC← ID/EX. NPC +1;
MEM	MEM/WB. IR← EX/MEM. IR; MEM/WB. ALUout← EX/MEM. ALUout;	MEM/WB. IR← EX/MEM. IR; MEM/WB. LMD← Mem[EX/MEM. ALUout] 或 Mem[EX/MEM. ALUout]← EX/MEM. B		MEM/WB. NPC← EX/MEM. NPC
WB	Reg[MEM/WB. IR[Rd]]← MEM/WB. ALUout 或 Reg[MEM/WB. IR[Rt]]← MEM/WB. ALUout	Reg[MEM/WB. IR[Rt]]← MEM/WB. LMD		Reg[7]← MEM/WB. NPC

根据表 9-4 得到微命令序列,如表 9-6 所示。

表 9-6 流水线 CPU 的微命令序列

流水段	所有指令			
IF	pc_write = '1'; IFID_write = '1'; Mux1_s 可选			
ID	IDEX_write = '1'; regwrite = '0'; Mux6_s 可选;Mux7_s 可选;CMP_s 可选;ex_s 可选			
	ALU 指令	SW/LW 指令	分支/转移 (不包含 JAL)指令	JAL 指令
EX	EX MEM _write = '1'; Mux2_s 可选; Mux3_s 可选; Mux5_s 可选; ALU_s 可选	EX MEM _write = '1'; Mux2_s 可选; Mux3_s 可选; Mux5_s 可选; ALU_s 可选	EX/MEM _write = '1' Mux2_s 可选;(JR 指令) Mux3_s 可选;(JR 指令) Mux5_s 可选;(JR 指令) ALU_s 可选(JR 指令)	EXMEM _write = '1'
MEM	MEMWB _write = '1'; Wren = '0'	MEMWB _write = '1'; Wren = '0'(LW) Wren = '1'(SW)		MEMWB _write = '1'; Wren = '0'
WB	regwrite = '1'; Mux4_s 可选	regwrite = '1'; Mux4_s 可选		regwrite = '1'; Mux4_s 可选

从表 9-5 可以看出，有些表项还可以合并；为了实现方便，一些表项还可以添加冗余项。读者可以根据自己的具体设计，对表格进行重新整理。

9.4.4 形成控制逻辑

本例中，控制部件的设计采用"向后传递各段所需控制信号"的方法。控制器从 IF/ID 流水寄存器中得到当前指令，根据当前指令及从其他器件中获得的相应信息，按照 9.4.2 节给出的各种冲突解决方案，发出具体的控制信号，确保各部件在指令流过时能准确工作。

控制器的逻辑符号如图 9-37 所示。

从图中可以看出，控制器的输出为控制各执行部件工作所需的微命令，包括 pc_write、regwrite、IFID_write、IDEX_write、EXMEM_write、MEMWB_write、Wren、clear、Mux1_s、CMP_s、Mux2_s、Mux3_s、Mux4_s、Mux5_s、Mux6_s、Mux7_s、ex_s、ALU_s 等。

控制器的输入为当前指令、比较器比较结果、冲突判断等信息，具体包括以下内容。

CMPout：比较器的输出，送入控制部件，以确定下条指令。

IR：当前指令，用于产生控制信号。

EXregwrite，EXmux4_s，EXst：处在 EX 段的指令反馈给控制部件的信号，分别是寄存器组读/写信号、写回寄存器组的数据选择信号、写回的目的寄存器号，用于

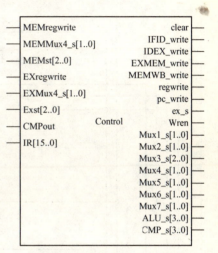

图 9-37 控制器的逻辑符号

判断当前指令与上一条指令是否冲突（所有冲突在当前指令执行的 ID 段可以检测出来）。若 EXregwrite = '1'，可以确定上条指令即处在 EX 段的指令是 ALU 运算指令或 load 指令，根据 EX-mux4_s 的值可以判断出具体是哪类指令，并根据 EXst 判断得到上条指令的源寄存器是否是当前指令的目的寄存器。

MEMregwrite，MEMmux4_s，MEMst：处在 MEM 段的指令反馈给控制部件的信号，分别是寄存器组读/写信号、写回寄存器组的数据选择信号、写回的目的寄存器号，用于判断当前指令与上上条指令是否冲突（所有冲突在当前指令执行的 ID 段可以检测出来），若 MEMregwrite = '1'，可以确定上上条指令（即处在 MEM 段的指令）是 ALU 运算指令或 load 指令，根据 MEMmux4_s 的值可以判断具体是哪类指令，根据 MEMst 可以判断得到上上条指令的源寄存器是否是当前指令的目的寄存器。

控制器的实现采用组合逻辑控制器的电路实现方式。实现时，不进行状态划分，在当前指令的 ID 段根据当前指令 IR 及其他输入信息，统一发出当前指令执行所需的所有微命令，部分微命令用于控制 ID 段的执行部件完成具体工作，剩下的送入流水线寄存器依次向后传递。流水线控制器的具体实现参见附录 B。

9.4.5 完成各部件的连接

依据如图 9-36 所示的数据通路，添加控制部件，得到图 9-38。设计并实现各功能部件，包括各种专用寄存器、通用寄存器、流水线寄存器（典型流水线寄存器的实现参见附录 B）、ALU 等，最终按照图 9-38 完成各部件的连接。

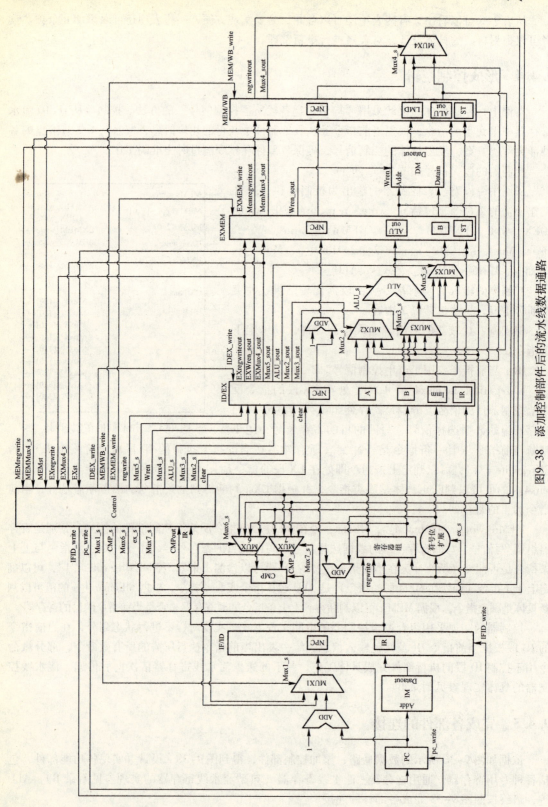

图9-38 添加控制部件后的流水线数据通路

从图 9-38 可以看出，当 ID 段的 CMP 将输出信息送入控制器时，控制器可以根据 CMPout 的值确定分支是否成功（CMPout = '1' 表示分支成功）或是否要转移，进而通过 Mux1_s 确定下一条指令；根据 EX 段的 EXregwrite、EXmux4_s、EXst 及 IR 可以判断当前指令和上一条指令是否存在数据冲突，根据 MEM 段 MEMregwrite，MEMmux4_s，MEMst 可以判断当前指令与隔条指令的数据冲突，通过对各数据选择器进行选择控制，选择到 CMP、ALU、EX/MEM.B 中的数据，从而解决冲突；当上一条指令是 LW 指令，且它的目的寄存器是当前指令的源寄存器时，存在 load 互锁，需要由控制器发出一个 clear 信号，送入 ID/EX 流水线寄存器，且使得 PC_write = '0'，IF/ID_write = '0'，以保证当前及后继指令停顿一个周期，LW 指令继续执行。

由于控制器的工作只需要 EXst 和 MEMst 的相关信息，在图 9-38 中将 ID/EX 流水线寄存器的输出改为了 ST，之后，从 EX/MEM 流水线寄存器到 MEM/WB 流水线寄存器的 IR 信息传递就自然成为了 ST 信息的传递。

附录 A
实验用芯片逻辑图与真值表

在此只提供实验中用到的芯片，详细信息可查看 www.21icsearch.com。

1. 74LS00

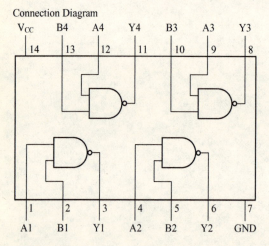

Connection Diagram

Function Table

$Y = \overline{AB}$

Inputs		Output
A	B	Y
L	L	H
L	H	H
H	L	H
H	H	L

H=HIGH Logic Level
L=LOW Logic Level

2. 74LS86

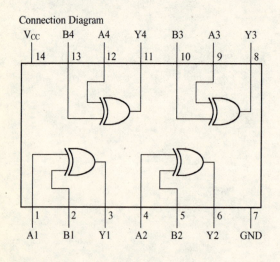

Connection Diagram

Function Table

$Y = A \oplus B = \overline{A}B + A\overline{B}$

Inputs		Output
A	B	Y
L	L	L
L	H	H
H	L	H
H	H	L

H=HIGH Logic Level
L=LOW Logic Level

3. 74LS125

Connection Diagram

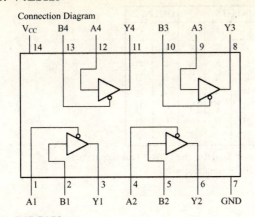

Function Table

Y = A

Inputs		Output
A	B	Y
L	L	L
H	L	H
X	H	Hi-Z

H=HIGH Logic Level
L=LOW Logic Level
X=Either LOW or HIGH Logic Level
Hi-Z=3-STATE(Outputs are offsabled)

4. 74LS153

Connection Diagram

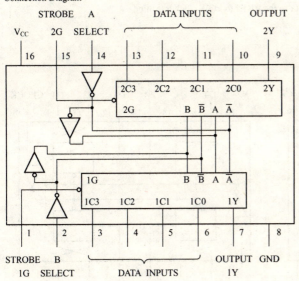

Function Table

Select Inputs		Data Inputs				Strobe	Outout
B	A	C0	C1	C2	C3	G	Y
X	X	X	X	X	X	H	L
L	L	L	X	X	X	L	L
L	L	H	X	X	X	L	H
L	H	X	L	X	X	L	L
L	H	X	H	X	X	L	H
H	L	X	X	L	X	L	L
H	L	X	X	H	X	L	H
H	H	X	X	X	L	L	L
H	H	X	X	X	X	L	H

Select Inputs A and B are common to both sections.
H=HIGH Level
L=LOW Level
X=Don't Care

5. 74LS114

LOGIC DIAGRAM(Each Flip-Flop)

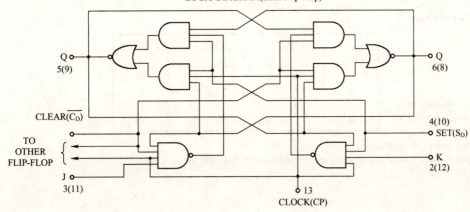

MODE SELECT-TRUTH TABLE

OPERATING MODE	INPUTS				OUTPUTS	
	S_D	C_D	J	K	Q	$\overline{Q}$
Set	L	H	X	X	H	L
Reset(Clear)	H	L	X	X	L	H
*Undetermined	L	L	X	X	H	H
Toggle	H	H	h	h	q	q
Load "0" (Reset)	H	H	I	h	L	H
Load "1" (Set)	H	H	H	h	L	H
Hold	H	H	I	I	q	q

*Both outputs will be HIGH while both S_D and C_D are LOW, but the output states are unpredictable if S_D and C_D go HIGH simultaneously.

H, h=HIGH Voltage Level

L, I=LOW Voltage Level

X=Don't Care

I, h(q)=Lower case letters indicate the state of the referenced input(or output) one set-up time prior to the HIGH to LOW clock transition.

6. 74LS175

Connection Diagrams

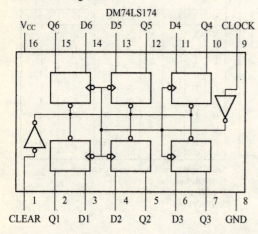

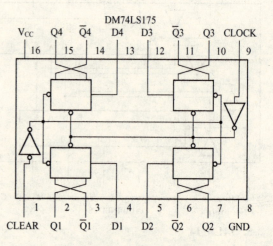

Function Table
(Each Flip-Flop)

	Inputs		Outputs	
Clear	Clock	D	Q	$\overline{Q}_+$
L	X	X	L	H
H	↑	H	H	L
H	↑	L	L	H
H	L	X	Q_0	$\overline{Q}_0$

H=HIGH Level(steady state)

L=LOW Level(steady state)

X=Don't Care

↑=Transition from LOW-to-HIGH level

Q_0=The level of Q before the Indicated steady-state input conditions were established.

†=DM74LS175 only

附录 A 实验用芯片逻辑图与真值表

Logic Diagrams

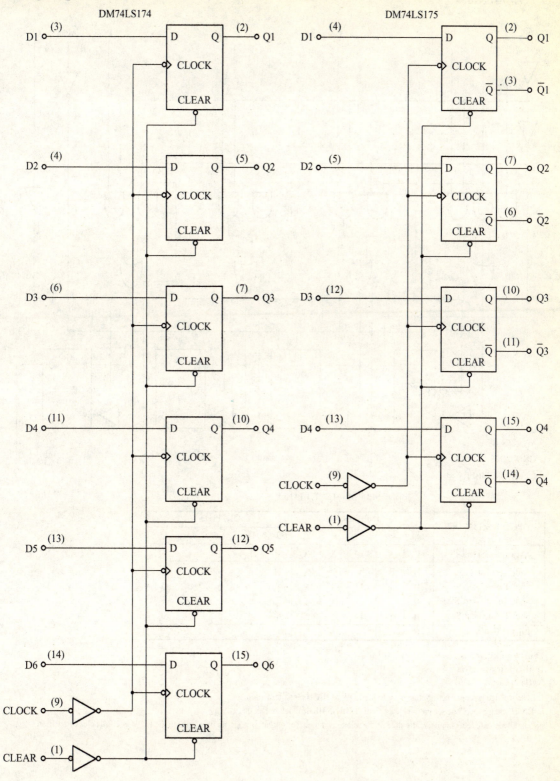

7. 74LS195

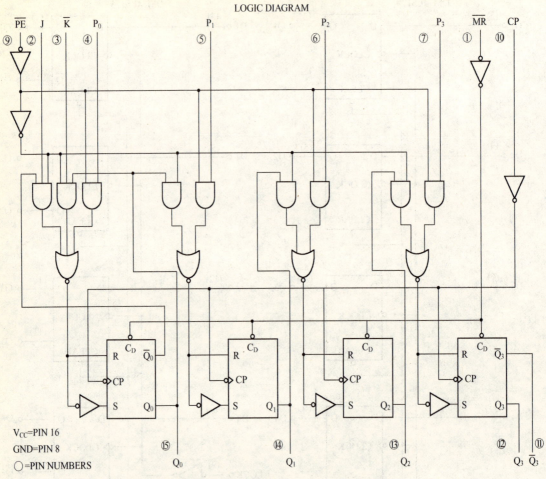

LOGIC DIAGRAM

MODE SELECT—TRUTH TABLE

OPERATING MODES	INPUTS					OUTPUTS				
	$\overline{MR}$	$\overline{PE}$	J	$\overline{K}$	P_n	Q_0	Q_1	Q_2	Q_3	$\overline{Q_3}$
Asynchronous Reset	L	X	X	X	X	L	L	L	L	H
Shift, Set First Stage	H	h	h	h	X	H	q_0	q_1	q_2	$\overline{q_2}$
Shift, Reset First	H	h	l	l	X	L	q_0	q_1	q_2	$\overline{q_2}$
Shift, Toggle First Stage	H	h	h	l	X	$\overline{q_0}$	q_0	q_1	q_2	$\overline{q_2}$
Shift, Relain First Stage	H	h	l	h	X	q_0	q_0	q_1	q_2	$\overline{q_2}$
Parallel Voad	H	l	X	X	p_n	p_0	p_1	p_2	p_3	$\overline{p_3}$

L=LOW voltage levels
H=HIGH voltage levels
X=Don't Care
l=LOW voltage level one set-up time prior to the LOW to HIGH clock transition.
h=HIGH voltage level one set-up time prior to the LOW to HIGH clock transition.
$p_n(q_n)$=Lower case letters indicate the state of the referenced input (or output) one set-up time prior to the LOW to HIGH clock transition .

8. 74SL76

'76 FUNCTION TABLE

INPUTS					OUTPUTS	
$\overline{PRE}$	$\overline{CLR}$	CLK	J	K	Q	$\overline{Q}$
L	H	×	×	×	H	L
H	L	×	×	×	L	H
L	L	×	×	×	H↑	H↑
H	H	⊓	L	L	Q_0	$\overline{Q_0}$
H	H	⊓	H	L	H	L
H	H	⊓	L	H	L	H
H	H	⊓	H	H	TOGGLE	

logic diagrams (positive logic)

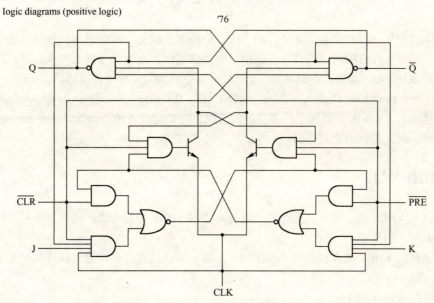

9. 74LS20

Connection Diagram

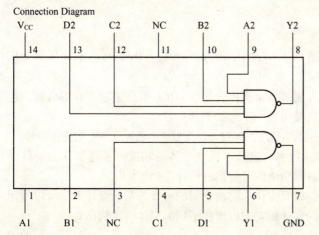

Function Table

$Y = \overline{ABCD}$

Inputs				Output
A	B	C	D	Y
X	X	X	L	H
X	X	L	X	H
X	L	X	X	H
L	X	X	X	H
H	H	H	H	L

H=HIGH Logic Level
L=LOW Logic Level
X=Either LOW or HIGH Logic Level

附录 B

VHDL 入门与典型程序

随着系统设计规模的日益扩大，复杂程度日益提高，门级描述变得难以管理，不得不采用更抽象层次的描述方法。

逻辑图和布尔方程曾经是描述硬件的方法，但随着系统复杂度的增加，这种描述变得过于复杂，不便于使用。在自顶向下的设计方法中，硬件描述语言成为满足以上要求的新方法。硬件描述语言有许多种，如 ABEL、Verilog 等，VHDL 是其中著名的一种硬件描述语言。

VHDL 的全称是 Very High Speed Integrated Circuit Hardware Description Language，即超高速集成电路描述语言。VHDL 要适用于许多复杂的情况，还要适应各种硬件设计人员原先的习惯方式和设计风格，因此设计得比较全面。

B1 VHDL 入门

除了研究 VHDL 的专家外，大部分人没有必要对 VHDL 全部弄懂，因此本章只从使用的角度介绍 VHDL 的入门知识。

一个完整的 VHDL 语言包括库、程序包、实体说明、结构体和配置。具体排列如下：

- 库（Library）。
- 程序包（Package）。
- 实体说明（Entity Declaration）。
- 结构体（Architecture）。
- 配置（Configuration）。

库用来存放已编译过的设计单元。在 VHDL 语言中库大致有 5 种：IEEE 库、STD 库、ASIC 向量库、用户自定义的库和 WORK 库。

为了使一组数据类型、常量、子程序等能被多个实体公用，VHDL 提供了包集合的机制。包集合就像是公用的工具箱，各个实体都可以使用其中定义的工具。

实体说明是一个器件的外部视图，其中包括该器件的端口等，类似于电路原理图中的器件符号。

结构体具体指明一个设计实体的结构或行为，定义了设计实体的功能。描述实体的硬件结构、元件之间的连接关系，实体所完成的逻辑功能以及数据的传输变换等。

配置语句描述层与层之间的连接关系，以及实体与结构之间的连接关系。设计人员可以使用配置来选择不同的结构体，使其与要设计的实体相对应以形成不同的实体 – 结构体对。

注意：VHDL 语言不区分字母的大小写。

VHDL 入门需掌握的基本知识：

(1) 实体(entity)、结构体(architecture)以及一个实体和一个结构体组成的设计实体。
(2) 层次结构的设计,掌握元件(component)语句和端口映射(port map)语句。
(3) 四种常用语句(赋值语句、if 语句、case 语句和 process 语句)的基本用法。
(4) 信号(signal)的含义和信号的 2 种最常用类型:std_logic 和 std_logic_vector。
(5) 库(library)和程序包(package)的基本使用。

1. 实体和结构体

1) 实体

实体说明的书写格式如下:

```
ENTITY <实体名> IS
    [GENERIC(类属说明);]
    [PORT(端口说明);]
    [实体语句部分;]
END [ENTITY] <实体名>;
```

类属说明语句必须放在端口说明语句之前,用来规定端口的大小、I/O 引脚的指派、实体中子元件的数目和实体的定时特性,其格式如下:

```
GENERIC(常数名:数据类型[:=设定值];
        ...
        常数名:数据类型[:=设定值]);
```

端口对应于电路图中元件符号的外部引脚,是对外部引脚信号的名称、数据类型和输入/输出方向的描述。其格式如下:

```
PORT(端口名,[端口名]:[模式]数据类型名;
     ...
     端口名,[端口名]:[模式]数据类型名);
```

其中,端口名是赋给每个外部引脚的名称,通常用一个或几个英文字母,或者英文字母加数字命名。

模式用来说明信号的方向,通常有下列几种模式。

IN:输入。

OUT:输出。

INOUT:双向。

BUFFER:输出(结构体内部可再使用),可以读或写。

LINKAGE:不指定方向,无论哪一个方向都可以连接。

注意:OUT 模式的端口不能用于被设计实体的内部反馈。BUFFER 模式的端口能够用于被设计实体的内部反馈。

一个 4 位二进制加法器的实体说明如下。

```
ENTITY adder IS
GENERIC(m:TIME:=5ns);
```

```
    PORT(a,b   :IN STD_LOGIC_VECTOR(3 DOWNTO 0);
         q     :OUT STD_LOGIC_VECTOR(3 DOWNTO 0);
         Cout  :OUT STD_LOGIC);
    END   adder;
```

2)结构体

结构体有3种描述方式：行为描述方式、数据流描述方式和结构描述方式。结构体书写格式如下：

```
    ARCHITECTURE   <结构体名> OF <实体名> IS
       [定义语句;]
       BEGIN
          <并行处理语句>
       END <结构体名>;
```

注意：实体名一定要与对应的实体名完全一致。

ARCHITECTURE 后面的结构体名与 END 后的结构体名完全一致。结构体的名字可以随便起，因为别的地方都用不着这个名字。

结构体内要求并行执行语句，类似 IF 之类的顺序执行语句，只要将它们放在并行语句（如 process）之内即可。

一个实体可以对应几个结构体，这里只介绍一个实体对应一个结构体的情况。

2. component（元件）语句和 port map（端口映射）语句

在层次化结构设计中，要经常用到 component（元件）语句和 port map（端口映射）语句。

component 语句的作用是说明设计实体中使用的哪个低层设计实体和该低层设计实体的端口。该低层设计实体在本设计实体中作为现成的元件使用。component（元件）语句一般放在结构体中 architecture 语句和首次出现的 begin 之间，给人以一目了然的感觉。

port map 语句完成低层设计实体的端口信号和本设计实体其他部分的信号连接问题。它必须放在结构体内首次出现的 begin 之后。

高层的设计实体可以把低层设计实体作为元件来引用称为例化。在一个高层设计实体中可以对一个元件例化多次。

COMPONENT 语句的书写形式是：

```
    COMPONENT  元件名        -- 指定调用元件
    PORT           说明      -- 被调用元件端口
    END COMPONENT;
```

端口的说明和被调用元件（设计实体）中 ENTITY 中的说明要完全一致（次序可以改变）。

PORT MAP 语句的一种书写格式如下：

```
    [标号]:PORT MAP(MS1 => S1,MS2 => S2,…,MSn => Sn);
```

其中，MS1，MS2，…，MSn 和 S1，S2，…，Sn 都是信号名。标号是可选的，即可有可无。S1，S2，…，Sn 是高层设计实体中使用的信号名；MS1，MS2，…，MSn 是低层建立元件时使用的端口信号名（引脚名）。这种映射方式称为显式映射方式，它把元件端口的信号和高层中使用的信号显式对应起来,书写的顺序不受任何限制。请注意:高层中使用的信号名和元件端口对应的信号名可以相同,也可以不同;但是完全相同有时根本做不到。另外还有一种隐式映射方式。一般不推荐使用。

每次引用该元件都要使用 port map(端口映射)语句例化一次。标号是可选的。然而,为了区别同一个元件在一个设计实体内的多次例化,最好使用标号将多次例化加以区分。

注意:在一个设计实体的独立电路(如 process)原则上都应该有标号,以便阅读。

例:设计一个由 2 个与门、1 个或门构成的与或门。

低层的设计实体"与门":

```
library ieee;
use ieee.std_logic_1164.all;
ENTITY and_gate IS
    PORT(op1,op2: in std_logic;
         and_result: out std_logic);
END and_gate;
ARCHITECTURE behav OF and_gate IS
BEGIN
    and_result <= op1 AND op2;
END behav;
```

低层的设计实体"或门":

```
library ieee;
use ieee.std_logic_1164.all;
ENTITY or_gate IS
    PORT(op1,op2: in std_logic;
         or_result: out std_logic);
END or_gate;
ARCHITECTURE behav OF or_gate IS
BEGIN
    or_result <= op1 OR op2;
END behav;
```

高层设计中使用元件 and_gate 和 or_gate 设计与或门如下:

```
library ieee;
use ieee.std_logic_1164.all;
ENTITY and_or_gate IS
    PORT(a1,a2,a3,a4: in std_logic;
         and_or_result: out std_logic);
END and_or_gate;
ARCHITECTURE struct OF and_or_gate IS
    SIGNAL b1,b2: std_logic;              -- 高层设计中使用的内部信号
    COMPONENT and_gate                    -- 说明元件"与门"and_gate
        PORT(op1,op2: in std_logic;
             and_result: out std_logic);
    END COMPONENT;
```

```
        COMPONENT or_gate    -- 说明元件"或门"or_gate
            PORT(op1,op2: in std_logic;
                  or_result: out std_logic);
        END COMPONENT;
    BEGIN
        -- 对"与门"and_gate 的一次例化
        G1: and_gate PORT MAP (op1 => a1,
                               op2 => a2,
                               and_result => b1);
        -- 对"与门"and_gate 的一次例化
        G2: and_gatePORT MAP(op1 => a3,
                             op2 => a4,
                             and_result => b2);
        -- 对"或门"or_gate 的一次例化
        G3: or_gate PORT MAP (op1 => b1,
                              op2 => b2,
                              or_result => and_or_result);
    END struct;
```

3. 常用的 4 种语句

VHDL 有许多类型的语句，这里介绍常用的 4 种。

1) 并行信号赋值语句

并行信号赋值语句可分为并发信号赋值语句、条件信号赋值语句和选择信号赋值语句。

（1）并发信号赋值语句

并发信号赋值语句在进程内部使用时，作为顺序语句的形式出现。在结构体的进程之外使用时，作为并发语句的形式出现。一个并发信号赋值语句是一个等效进程的简略形式。例如：

结构体 1：

```
ARCHITECTURE example OF signal - assignment IS
BEGIN
    q <= a AND b AFTER 5ns;
END example;
```

结构体 2：

```
ARCHITECTURE example OF signal - assignment IS
BEGIN
  p1:PROCESS(a,b)
    BEGIN
      q <= a AND b AFTER 5ns;
    END PROCESS p1;
END example;
```

结构体 1 和结构体 2 的功能是等价的。

（2）条件信号赋值语句

条件信号赋值语句属于并发描述语句的范畴，可以根据不同的条件将不同的表达式的值赋值给目标信号。条件信号赋值语句的格式如下。

```
目标信号 <= 表达式 1  WHEN  条件 1  ELSE
         表达式 2  WHEN  条件 2  ELSE
         表达式 3  WHEN  条件 3  ELSE
         ……
         表达式 n-1  WHEN  条件 n-1  ELSE
         表达式 n ;
```

例：用条件信号赋值语句实现 4 选 1 多路选择器。

```
LIBRARY IEEE;
USE IEEE.STD_LOGIC_1164.ALL;
ENTITY mux4 IS
   PORT (d0,d1,d2,d3,a,b  : IN STD_LOGIC;
                       q  : OUT STD_LOGIC);
END mux4;
ARCHITECTURE be_mux4 OF mux4 IS
SIGNAL sel:STD_LOGIC_VECTOR(1 DOWNTO 0);
BEGIN
    sel <= b&a;
    q <= d0 WHEN sel = "00" ELSE
         d1 WHEN sel = "01" ELSE
         d2 WHEN sel = "10" ELSE
         d3 WHEN sel = "11" ELSE
         'Z';
END be_mux4;
```

(3) 选择信号赋值语句

选择信号赋值语句对选择条件表达式进行测试，当选择条件表达式取值不同时，将使信号表达式不同的值赋给目标信号。选择信号赋值语句的书写格式如下。

```
WITH 选择条件表达式 SELECT
    目标信号 <= 信号表达式 1  WHEN  选择条件 1
             信号表达式 2  WHEN  选择条件 2
             ……
             信号表达式 n  WHEN  选择条件 n;
```

前例多路选择器的实现中，实体部分还可用下列方式描述。

```
SIGNAL sel:INTEGER;
BEGIN
    WITH sel SELECT;
    q <= d0 WHEN 0
         d1 WHEN 1
         d2 WHEN 2
         d3 WHEN 3
         'Z' WHEN OTHERS;
```

2）if 语句

IF 语句是具有条件控制功能的语句，根据给出的条件以及条件是否成立的结果来决定语句的执行顺序。if 语句有三种形式。

形式一：

```
if  条件  then
    若干语句
end  if;
```

实现时，若条件成立，IF 语句中的顺序处理语句将被执行；若条件不成立，程序跳出 IF 语句，执行 END IF 之后的语句。

例：用 if 语句设计的 D 触发器。

```
LIBRARY ieee;
USE ieee.std_logic_1164.ALL;
ENTITY dff IS
   PORT (clk,d: IN STD_LOGIC;
            q: OUT STD_LOGIC);
END dff;
ARCHITECTURE rtl OF dff IS
begin
    process(clk)
        begin
            if clk 'event and clk = '1 'then
                q <= d;
            end if;
    end process;
END rtl;
```

形式二：

```
if  条件  then
    若干语句
else
    若干语句
end  if;
```

形式二可用做二选择控制。典型应用实例是 2 选 1 数据选择器电路。

例：使用 VHDL 语句描述低电平有效的三态门电路逻辑功能。

```
LIBRARY IEEE;
USE IEEE.STD_LOGIC_1164.ALL;
ENTITY three_state IS
    PORT (D,EN: IN STD_LOGIC;
            Y: OUT STD_LOGIC);
ENDthree_state;
ARCHITECTURE rtl_three_state OF three_state IS
```

```
            BEGIN
                PROCESS(EN,D)
                BEGIN
                  IF(EN = '0')THEN
                        Y <= D;
                    ELSE
                        Y <= 'Z';
                    END PROCESS;
        ENDrt1_ three_state;
```

形式三：

```
        if    条件1     then
            若干语句
        elsif   条件2    then
            若干语句
          ：

        else    条件 n    then
            若干语句
        end   if;
```

这种形式的 if 语句用做多选择控制。设置有多个条件，程序执行此语句时，只执行满足对应条件的顺序处理语句，当所有条件都不满足时，执行顺序语句 n+1。

注意：if 属于顺序语句，它只能出现在进程（PROCESS）和子程序中。

3）进程（process）语句

PROCESS 语句是 VHDL 语言中描述硬件系统行为的最基本的语句。本质上描述了一个功能独立的电路块。其书写格式如下。

```
    [进程标号:]PROCESS[敏感信号表][IS]
    [进程语句说明部分;]
        BEGIN
    <顺序语句部分;>
    END PROCESS [进程标号];
```

敏感信号表中的任何一个发生变化，都启动 PROCESS 语句工作，当执行完进程中最后一个语句后，执行过程将返回到进程的第一个语句，以等待下一次敏感信号变化。敏感信号表中的信号是一部分输入信号，或者在 PROCESS 语句中形成的反馈信号；纯粹输出的信号或者在本语句中不发生变化的信号不能放入敏感信号表。最后一个敏感信号后没有逗号。

在 if 语句中介绍的电路如果不和 PROCESSS 语句结合起来，不能构成一个功能独立的电路，编译时就可能出错。

例：实现 16 位寄存器。

```
    -- Signal     reset, clk, wen:std_logic;
    -- Signal     d,q:std_logic_vector(15 downto 0);
    register_pro:process(reset, clock)
```

```
    begin
        If    reset = '0' then
              q <= x"0000";
        Elsif   clock'event  and clock = '1'  then
              if   wen = '1'  then
                  q <= d;
              end if;
        End  if;
    end process;
```

注意：敏感信号表中没有信号 d，因为只需要 reset 和 clock 启动这个 process 语句；信号 q 是个输出信号，因此不能放入 process 语句的敏感信号表中。register_pro:表示一个标号，标号可有可无。

例：设计程序计数器 PC。要求能够处理 C = 1 条件转移指令、Z = 1 条件转移指令、双字指令和单字指令等情况。

```
    -- signal  pc, zjmp_pc, cjmp_pc:
    --  std_logic_vector(15 downto 0);
    --  signal t, zj_flag, cj_flag, dw_flag, reset:std_logic;
    pc_proc:   process(pc, zjmp_pc, cjmp_pc, t, zj_flag, cj_flag,
                          dw_flag, reset)
    begin
        if reset = '0' then
              pc <= x"0000";
        elsif  t'event and t = '1'  then      -- 在时钟 t 的上升沿改变 PC 的值
              if zj_flag = '1' then           -- 其实 2 个条件转移条件可以合并
                  pc <= zjmp_pc;
              elsif cj_flag = '1' then
                  pc <= cjmp_pc;
              elsif dw_flag = '1' then
                  pc <= pc + "10";
              else
                  pc <= pc + '1';
              end if;
        end if;
    end process;
```

例：1000000 计数器设计。

```
    -- signal   counter: std_logic_vector(19 downto 0);
    -- signal   counter clk, reset: std_logic;
    -- 十六进制 f423f 等于十进制 999999
    process(reset, clk)
    begin
        if reset = '0' then
              counter <= x"00000";
        elsif clk'event and clk = '1' then
```

```
                if counter / = x"f423f" then
                        counter <= counter + '1';
                else
                        counter <= x"00000";
                end if;
            end if;
        end process;
```

例：锁存器设计。

```
    -- signal reset, set, clk: std_logic;
    -- siganl d, q: std_logic_vector(15 downto 0);
    process(reset, set, clk)
        if reset = '0' then
            q <= x"0000";
        elsif set = '0' then
            q <= x"ffff";
        elsif clk = '1' then
            q <= d;
        end if;
    end process;
```

注意：这里信号的优先级最高是 reset，其次是 set，最低是时钟信号 clk。

4) CASE 语句

CASE 语句是另一种形式的条件控制语句。根据条件变量或表达式的取值，来选择执行哪个顺序处理语句。CASE 语句的书写格式为：

```
CASE    条件表达式  IS
WHEN    条件表达式值 1 =>
        若干语句
            ⋮
WHEN    条件表达式 n  =>
        若干语句
WHEN    OTHERS =>
        若干语句
END    CASE;
```

例：设计一个有加、减、与、或功能的 16 位运算器。其中 cin 是原来的进位值，cout 是运算后的进位值，q 是运算结果，a 和 b 是 2 个操作数，sel 是个 2 位的运算选择码。

```
LIBRARY IEEE;
USE IEEE.STD_LOGIC_1164.ALL;
ENTITY alu IS
    PORT (a,b: IN std_logic_vector(15 downto 0);
          sel: IN std_logic_vector(1 downto 0);
          cin: IN std_logic;
          q: OUT std_logic_vector(15 downto 0);
          in: IN std_logic);
```

```
END alu;
architecture struct of alu is
    signal result:std_logic_vector(16 downto 0);
begin
    process(a,b,sel,cin,result)
begin
        case sel is
            when "00" =>
                result <= '0'&a + '0'&b;
                q <= result(15 downto 0);
                cout <= result(16);
            when "01" =>
                result <= ('0'&a) - ('0'&b);
                q <= result(15 downto 0);
                cout <= result(16);
            when "10" =>
                q <= a and b;
                cout <= cin;
            when others =>
                q <= a or b;
                cout <= cin;
        end case;
    end process;
End struct;
```

例：一个2与非门。

```
-- signal a:std_logic_vector(1 downto 0);
-- signal c: std_logic;
process(a)
begin
    case sel is
        when "00" | "01" | "10" =>
            c <= '1';
        when "11" =>
            c <= '0';
        when others =>
            null;
    end case;
end process;
```

例：一个状态机设计。该状态机可用于指令cache的在不命中时的控制。指令cache容量是8×8字。每个字16位。存储器数据总线是16位。Miss是不命中标志。

```
-- signal state, next_state: std_logic_vector(3 downto 0);
-- signal reset, clk, miss: std_logic;
process(reset, clk)
```

```
            begin
                if reset = '0 'then
                    state <= "0000";
                elsif clk 'event and clk = '1 'then
                    state <= next_state;
                end if;
            end process;
            process(miss,state)
            begin
                case state is
                    when "0000" =>
                      if  miss = '1 'then
                        next_state <= "0001";
                      else
                        next_state <= "0000";
                      end if;
                    when  "0001" =>   --1
                        next_state <= "0011";
                    when  "0011" =>   --2
                        next_state <= "0010";
                    when  "0010" =>   --3
                        next_state <= "0110";
                    when  "0110" =>   --4
                        next_state <= "0111";
                    when  "0111" =>   --5
                        next_state <= "0100";
                    when  "0100" =>   --6
                        next_state <= "1100";
                    when  "1100" =>   --7
                        next_state <= "1000";
                    when  "1000" =>   --8
                        next_state <= "0000";
                    when others =>
                        next_state <= "0000";
                end case;
            end process;
```

4. 数据对象

凡是可以赋予一个值的客体叫对象。在 VHDL 语言中，数据对象有四种类型：常数、变量、信号和文件。信号和变量是最常用的两种。

1) 常量

常量是指那些在设计描述中不发生变化的值。是全局量，在结构体描述、程序包说明、实体说明、过程说明、函数调用说明和进程说明中使用。使用前必须对常量进行说明。说明格式如下。

CONSTANT 常量名:数据类型:＝表达式;

例:CONSTANT VCC:REAL:=5.0;

常量标识符在程序中可能多次使用,一旦赋值,其值在程序运行中应保持不变。必须改变时,需重新编译程序。

2) 变量

变量(variable)在硬件中没有类似的对应关系,其主要用于对暂时数据进行局部存储,是一个局部量,其作用范围是说明它的进程、过程或函数。

> VARIABLE 变量名:数据类型[:=表达式];

例:VARIABLE A,B:INTEGER:=1;

3) 信号

信号(signal)是硬件中物理连线的抽象描述,信号在元件的端口连接元件和在元件内部各部分之间的连接。信号是全局量,各进程之间的通信可以借助信号来实现。信号说明格式如下。

> SIGNAL 信号名:数据类型;

如:Signal clock,T1,T2:std_logic;

信号赋值采用" <= "代入符。

如:A <= B AFTER 10ns;

4) 文件

文件是承载大量数据的客体,文件包括一些专门类型的数值。文件对象不能被赋值,它可以作为参数向过程或函数传递。通过规定的过程和函数对文件对象进行读出和写入操作。

5. 数据类型

VHDL 提供多种数据类型。为使用户设计方便,可以由用户自定义数据类型。

常用的数据类型有:标准逻辑、标准逻辑矢量、位、位矢量、布尔量、整型、实型、字符等。

1) 位型

位型又称 BIT 型,其取值只有'0'和'1',BIT_VECTOR 是 BIT 的数组。

由于 BIT 仅能表示逻辑'0'和'1',不能表示高阻、随意项、未知常用状态,所以在实际可综合的程序中很少用。

2) 标准逻辑型

一般在可综合的 VHDL 语言程序中,实际上都采用标准逻辑(STD_LOGIC)和标准逻辑矢量(STD_LOGIC_VECTOR)型的数据。

STD_LOGIC 有 9 种定义的可取值,分别为:'U'表示未初始化;'X'表示强迫未知;'0'表示强制 0;'1'表示强制 1;'Z'表示高阻;'W'表示弱未知;'L'为弱 0;'H'为弱 1;'—'表示随意。

STD_LOGIC_VECTOR 是 STD_LOGIC 的数组。

3) 用户自定义数据类型

VHDL 语言允许用户自己定义数据类型。定义格式如下。

> TYPE 数据类型名 数据类型定义

例:TYPE opcode IS (load, store, add, sub, bne);

注意:

(1) 整数不能看做矢量,它不能按位运算,不能进行逻辑运算,只能进行算术运算。
(2) 某一种类型的数据对象不可以用其他类型的数据去赋值;即使类型相同的数据,因其位长不同,也不可以直接代入赋值。

6. 运算操作符

在 VHDL 语言中共有 4 类运算操作符:逻辑运算、算术运算、并置运算和关系运算。

1) 逻辑运算符

有 6 种逻辑运算符:NOT、OR、AND、NAND、NOR、XOR。常用的为前三种。

```
signal  a,b:std_logic;
signal  c,d:std_logic_vector(7 downto 0);
    a and b     a or b not a          正确
    c and d     c  xor d not c        正确
    a and c                           错误
```

两个进行逻辑运算的信号,类型必须相同。这些逻辑运算符优先级相同。

2) 算术运算符

算术运算符有 10 种:+加、REM 取余、-减、+正、*乘、-负、/除、**指数、MOD 求模、ABS 取绝对值。常用的算术运算符有:+、-。使用情况如下:

```
Signal   a,b:std_logic_vector(15 downto 0);
    a + b
    a + '1'
    A + "01"
```

3) 并置运算符"&"

并置运算符用于位的连接,形成矢量。也可连接矢量形成更大的矢量。使用情况如下:

```
Signal    a,b:std_logic_vector(3 downto 0);
Signal c,d,a,b:std_logic_vector(2 downto 0);
     a  and  ('1' & c)
     c & a
```

4) 关系运算符

关系运算符有下列几种:
- =   等于   /=   不等于
- <   小于   >   大于
- <=   小于等于   >=   大于等于

其中,等于、不等于运算符适用于所有的数据类型,其他的运算符适用于整数、位及矢量等。在进行关系运算时,两边的数据类型必须相同,但位长度可以不同。

关系运算的结果为"真"或者"假"。

7. 库

在层次结构设计中,程序包(PACKAGE)和库(LIBRARY)都是很重要的工具,即使是由一个设计实体构成的设计,也要用到库。

VHDL 的库是用来存储可编译的设计单元的地方,也就是用来存放可编译的程序包的地方,这样,它就可以在其他设计中被调用。库中的设计单元(实体说明、结构体、配置说明、程序包说明和程序包体等)可以用做其他 VHDL 设计的资源。

在 VHDL 语言中,库大致有 5 种:IEEE 库、STD 库、ASIC 向量库、用户自定义的库和 WORK 库。

1) IEEE 库

被 IEEE 认可的资源库称为 IEEE 库。

IEEE 库是最常用的资源库,其中包含的程序包是:

Std_logic_1164   一些常用函数和数据类型程序包
Numeric_bit   bit 类型程序包
Numeric_Std   用于综合的数值类型和算术函数程序包
Math_Real   实数的算术函数程序包
Math_Complex   复数的算术函数程序包
Vital_Timing   Vital 时序程序包
Vital_Primitives   Vital 元件程序包

上述程序包中,不是每一个 EDA 软件都全部提供。使用时应该详细了解 EDA 软件的功能,看有无相应的程序包,或者找出替代的程序包。

此外,还有一些程序包虽非 IEEE 标准,但由于已成事实上的工业标准,也都并入了 IEEE 库。

这些程序包中最常用的是 Synopsys 公司的 STD_LOGIC_ARITH、STD_LOGIC_SIGNED、STD_LOGIC_UNSIGNED

目前流行于我国的大多数 EDA 工具都支持 Synopsys 公司的程序包。

使用资源库中的元件和函数之前,需要使用 library 子句和 use 子句予以说明。没有说明的库中的元件不能使用。library 子句和 use 子句总是放在设计实体的最前面。

library 子句说明使用哪个库,作用是使该库在当前文件中"可见"。

> library 库名1,库名2,…,库名 n;

use 子句说明使用哪个库中的哪个程序包中的元件或者函数,格式如下:

> use 库名. 程序包名. all;

例:LIBRARY IEEE;
USE IEEE. std_logic_1164. ALL;

2) STD 库

STD 库包含两个程序包:standard 和 textio。这两个程序包是使用 VHDL 时必须用到的工具。

standard 程序包定义了若干数据类型、子类型和函数。它包含的数据类型有布尔类型、位类型、字符类型、实数范围、数范围和时间单位等;子类型有延迟长度、自然数范围和正整数范围等。

textio 程序包包含支持 ASCII I/O 操作的若干类型和子类型。

3) WORK 库

WORK 库是 VHDL 的工具库,用户在项目设计中设计成功的各个步骤的成品和半成品都放在这里,用于保存正在进行的设计。

STD 库和 WORK 库是设计库，在任何设计文件中隐含都是"可见"的。也就是说，每一个设计文件中总是隐含下列不可见的行：

  LIBRARY WORK;
  LIBRARYSTD;

除了 IEEE 标准资源库外，各可编程器件的厂家提供的 EDA 软件提供自己独特的资源程序包。由于这些程序包是为它们制造的器件服务的，往往更有针对性。Qartus Ⅱ中提供了一个 LPM 库，库中有许多称为 MegaFunctions 的功能强大的函数。在 Qartus Ⅱ中使用菜单命令"Tools"→"MegaWizard Plug – In Manager"能够很容易地掌握 Qartus Ⅱ提供的许多元件和函数的使用。使用 Cyclone 芯片中的存储器时，Altera 公司强烈推荐通过"Tools"→"MegaWizard Plug – In Manager"进行设计。

8. 包集合

为了使一组数据类型、常量、子程序等能被多个实体公用，VHDL 提供了包集合的机制。包集合就像是公用的工具箱，各个实体都可以使用其中定义的工具。

VHDL 提供了一些标准的包集合。例如 STANDARD 包集合，它定义了若干数据类型、子类型和函数。

另一种常用的 STD_LOGIC_1164 包集合，定义了一些常用的数据类型和函数，如 STD_LOGIC、STD_LOGIC_VECTOR 类型。它也预先在 IEEE 库中编译过，但在设计中用到时，需要在实体说明前加上调用语句。

除了标准包集合外，用户也可以自己定义包集合。包集合定义由两部分组成：包集合说明和包集合体。

说明单元主要说明一些数据类型、常量、元件、子程序等。

包集合体并非必要，只有在说明单元中有了子程序或延时常量的说明时，才需要包集合体来描述具体的子程序或定义延时常量的具体值。

包集合结构如下：

  PACKAGE 包集合名 IS
   ［说明语句］
  END 包集合名；
  PACKAGE BODY 包集合名 IS
   ［说明语句］
  END 包集合名；

下面仍以与或门的设计为例，说明 PACKAGE 和 WORK 库的使用。与门和或门的设计不变，增加一个 PACKAGE 的设计，对与或门设计进行修改。

```
LIBRARY ieee;
USE ieee.std_logic_1164.all;
PACKAGE and_or_components IS
COMPONENT or_gate    -- 说明元件"或门"or_gate
    PORT(op1,op2: in std_logic;
         or_result: out std_logic);
END COMPONENT;
COMPONENT and_gate -- 说明元件"与门"and_gate
```

```
                PORT(op1,op2: in std_logic;
                     and_result: out std_logic);
          END COMPONENT;
END and_or_components;
LIBRARY ieee;
USE ieee.std_logic_1164.all;
USE work.and_or_components.all;  --指明调用的程序包,使其成为可用
ENTITY and_or_gate IS
     PORT(a1,a2,a3,a4: in std_logic;
          and_or_result: out std_logic);
END and_or_gate;

ARCHITECTURE struct OF and_or_gate IS
     SIGNAL b1,b2: std_logic;  --高层设计中使用的内部信号
BEGIN
                --对"与门"and_gate 的一次例化
G1:and_gate PORT MAP(op1 => a1, op2 => a2, and_result => b1);
                --对"与门"and_gate 的一次例化
G2:and_gate PORT MAP(op1 => a3, op2 => a4, and_result => b2);
                --对"或门"or_gate 的一次例化
G3:or_gate  PORT MAP(op1 => b1, or_result => and_or_result,
                              op2 => b2);
END struct;
```

B2 VHDL 典型程序

1. 触发器程序

```
LIBRARY IEEE;
USE IEEE.STD_LOGIC_1164.ALL;
ENTITY DFF1 IS
PORT(CLK:IN STD_LOGIC;
      D:IN   STD_LOGIC;
      Q: OUT STD_LOGIC   );
END DFF1;
ARCHITECTURE behav OF DFF1 IS
SIGNAL Q1:STD_LOGIC;
BEGIN
     PROCESS(CLK,Q1)
          BEGIN
               IF CLK 'EVENT AND CLK = '1 'THEN
                    Q1 <= D;
               END IF;
     END PROCESS;
     Q <= Q1;
END behav;
```

附录 B　VHDL 入门与典型程序

对上面程序进行分析，如下：

1) **标准逻辑位数类型 STD_LOGIC**

就数字系统设计来说，类型 STD_LOGIC 比 BIT 包含的内容多。BIT 数据类型只有 2 种取值：'0'和'1'；而 STD_LOGIC 数据类型有 9 种取值：'0'、'1'、'U'、'X'、'Z'、'W'、'L'、'H'、'-'，其中，'U'表示未初始化的；'X'表示强未知的；'0'和'1'表示强逻辑 0 和强逻辑 1；'Z'表示高阻态；'W'表示弱未知的；'L'和'H'表示弱逻辑 0 和弱逻辑 1；'-'表示忽略。这 9 种取值完整的概括了数字系统中所有可能的数据表现形式。在仿真中，将信号或其他数据对象定义为 STD_LOGIC 是非常有用的，它可以使设计者精确的模拟一些未知的和具有高阻态的线路情况。对于综合器，高阻态'Z'和'-'忽略态可用于三态的描述。

2) **上升沿检测表达式和信号属性函数 EVENT**

在程序中，使用 CLK'EVENT AND CLK='1'来检测时钟的上升沿，即如果检测到 CLK 的上升沿，表达式值为 TURE。关键字 EVENT 是信号属性函数，用来获得信号行为信号的函数称为信号属性函数。VHDL 通过下面的表达式来测定某信号的跳变情况。

　　　　< 信号名 >'EVENT

CLK'EVENT 就是对 CLK 标识符的信号在当前的一个极小的时间段（设为 &）内发生事件的情况进行检测。所谓发生事件就是 CLK 在其数据类型定义的范围内发生变化，从一种值取值转变到另外一种取值。在这里 CLK 被定义为 STD_LOGIC 数据类型，则在 & 时间段内，CLK 从其允许的 9 种值中的任何一个值向另一个值变化，如由'Z'变为'0'等等，于是表达式将输出一个布尔值 TURE，否则为 FALSE。程序的语句"CLK'EVENT AND CLK='1'"表示在一个 & 时间段 CLK 的值发生变化，并且之后的值为'1'，那么这前这个值就一定是'0'，于是它就成了上升沿检测语句了。

另外，检测下降沿的语句：CLK'EVENT='1'AND CLK='0'和 falling_edge()。

3) **不完整的条件语句和时序电路**

当 CLK 发生变化时，PROCESS 语句被启动，IF 语句将测定条件表达式 CLK'EVENT AND CLK='1'是否满足条件，如果 CLK 的确出现了上升沿（满足条件表达式），于是执行 Q1 <= D（即更新 Q1），并结束 IF 语句，最后将 Q1 的值向端口信号 Q 输出。

再进一步分析：如果 CLK 没有发生变化，或者说没有出现上升沿方式的跳变时 IF 语句的行为。这时由于 IF 语句不满足条件，于是跳过赋值表达式 Q1 <= D，不执行此赋值表达式而结束 IF 语句。由于此 IF 语句没有利用通常的 ELSE 语句明确指出当 IF 语句不满足条件时做何操作，这是一种不完整的条件语句（即在条件语句中没有将所有可能发生的条件给出对应的处理方式）。对于这种语言现象，VHDL 综合器理解为，对于不满足条件，跳过赋值语句 Q1 <= D，不执行，即意味着保持 Q1 的原值不变，就意味着使用具有存储功能的元件，就是必须引进时序元件来保存 Q1 的原值。

显然，时序电路构建的关键在于利用这种不完整的条件语句的描述。

注意：在纯组合电路中，如果没有考虑到电路中所有可能出现的问题，即没有列全所有的条件对应的处理方法，导致不完整条件语句出现，将综合出设计者不希望看到的结果。

2. 变量赋值和信号量代入的对比示例程序

```
ARCHITECTURE behavioral OF example_duibi IS
    SIGNAL   d0, d1, d2, d3   : STD_LOGIC;              --定义信号
```

187

```
        SIGNAL  q0, q1           : STD_LOGIC;
    BEGIN
      cduibi_1 : PROCESS (d0, d1, d2, d3)
              BEGIN
                d2   <=   d0;               --信号量代入
                q0   <=   d2  OR  d3;
                d2   <=   d1;               --信号量代入
                q1   <=   d2  OR  d3;
      END PROCESS  cduibi_1;

      cduibi_2 : PROCESS (d0, d1, d3)
              VARIABLE  m2: STD_LOGIC;
              BEGIN
                m2   :=   d0;               --变量赋值
                q0   <=   m2  OR  d3;
                m2   :=   d1;               --变量赋值
                q1   <=   m2  OR  d3;
      END PROCESS  cduibi_2;
    END  behavioral;
```

进程 cduibi_1 的运行结果:

    q0 = d1 OR d3   并且   q1 = d1 OR d3

进程 cduibi_ 2 的运行结果:

    q0 = d0 OR d3   而   q1 = d1 OR d3

3. 利用 FUNCTION 语句结构实现取最大值的示例程序

```
    LIBRARY IEEE;
    USE IEEE.STD_LOGIC_1164.ALL;
    PACKAGE  mypackage3  IS
            FUNCTION  getmax (data1 : STD_LOGIC_VECTOR;
                              data2 : STD_LOGIC_VECTOR)
            RETURN   STD_LOGIC_VECTOR;
    END  mypackage3;

    PACKAGE  BODY  mypackage3  IS
        FUNCTION  getmax (data1 : STD_LOGIC_VECTOR;
                          data2 : STD_LOGIC_VECTOR)
            RETURN  STD_LOGIC_VECTOR  IS
            VARIABLE  temp: STD_LOGIC_VECTOR ( data1'RANGE);
            BEGIN
                IF ( data1  >  data2) THEN
                    temp := data1;
                ELSE
                    temp := data2;
                END IF;
            RETURN  temp;
        END  getmax;
    END  mypackage3;
```

4. 状态机程序

1) MOORE 状态机

```
LIBRARY IEEE;
USE IEEE.STD_LOGIC_1164.ALL;
USE IEEE.STD_LOGIC_ARITH.ALL;
USE IEEE.STD_LOGIC_UNSIGNED.ALL;
ENTITY mo IS
    PORT(CP:IN STD_LOGIC;                 -- CLOCK
         DIN:IN STD_LOGIC;                -- I/P Signal
         OP:OUT STD_LOGIC                 -- O/P Signal
        );
END mo;
ARCHITECTURE A OF mo IS
    TYPE    STATE IS (S0,S1,S2,S3);       -- State Type Declare
    SIGNAL  PRESENTSTATE:STATE;           -- Present State
    SIGNAL  NEXTSTATE   :STATE;           -- Next State
BEGIN
    SWITCHTONEXTSTATE:PROCESS(CP)
    BEGIN
        IF CP'EVENT AND CP = '1'THEN
            PRESENTSTATE <= NEXTSTATE;
        END IF;
    END PROCESS SWITCHTONEXTSTATE;

    CHANGESTATEMODE:PROCESS(DIN,PRESENTSTATE)
    BEGIN
        CASE PRESENTSTATE IS
            WHEN S0 =>                    -- STATE S0
                IF DIN = '0'THEN          -- INPUT = 0
                    NEXTSTATE <= S0;
                ELSE
                    NEXTSTATE <= S1;
                END IF;
                OP <= '0';                -- OUTPUT
            WHEN S1 =>                    -- STATE S1
                IF DIN = '1'THEN          -- INPUT = 1
                    NEXTSTATE <= S1;
                ELSE
                    NEXTSTATE <= S2;
                END IF;
                OP <= '1';                -- OUTPUT
            WHEN S2 =>                    -- STATE S2
                IF DIN = '1'THEN          -- INPUT = 1
                    NEXTSTATE <= S2;
                ELSE
                    NEXTSTATE <= S3;
```

```
                    END IF;
                    OP <= '0';                    -- OUTPUT
                WHEN S3 =>                        -- STATE S3
                    IF DIN = '1 'THEN             -- INPUT = 1
                        NEXTSTATE <= S0;
                    ELSE
                        NEXTSTATE <= S1;
                    END IF;
                    OP <= '1';                    -- OUTPUT
                WHEN OTHERS =>                    -- Initial State
                    NEXTSTATE <= S0;
                    OP <= '0';                    -- OUTPUT
            END CASE;
        END PROCESS CHANGESTATEMODE;
    END A;
```

2) Mealy 状态机

```
        LIBRARY IEEE;
        USE IEEE.STD_LOGIC_1164.ALL;
        USE IEEE.STD_LOGIC_ARITH.ALL;
        USE IEEE.STD_LOGIC_UNSIGNED.ALL;
        ENTITY me IS
            PORT(CP:IN STD_LOGIC;                 -- CLOCK
                 DIN:IN STD_LOGIC;                -- I/P Signal
                 OP:OUT STD_LOGIC
                );
        END me;
        ARCHITECTURE A OF me IS
            TYPE STATE IS (S0,S1,S2,S3);          -- State Type Declare
            SIGNAL PRESENTSTATE:STATE;            -- PRESENT STATE
            SIGNAL NEXTSTATE    :STATE;           -- NEXT STATE
        BEGIN
        SWITCHTONEXTSTATE:PROCESS(CP)             -- PRESENTSTATE - > NEXTSTATE
            BEGIN
                IF CP 'EVENT AND CP = '1 'THEN
                    PRESENTSTATE <= NEXTSTATE;
                END IF;
        END PROCESS SWITCHTONEXTSTATE;

        CHANGESTATEMODE:PROCESS(DIN,PRESENTSTATE)
            BEGIN
                CASE PRESENTSTATE IS
                    WHEN S0 => -- STATE S0
                        IF DIN = '0 'THEN         -- INPUT = 0
                            NEXTSTATE <= S0;
                            OP <= '0';            -- OUTPUT
```

```
                ELSE
                    NEXTSTATE <= S1;
                        OP <= '1';                  -- OUTPUT
                END IF;
            WHEN S1 =>                              -- STATE S1
                IF DIN = '1' THEN                   -- INPUT = 1
                    NEXTSTATE <= S1;
                        OP <= '0';                  -- OUTPUT
                ELSE
                    NEXTSTATE <= S2;
                        OP <= '1';                  -- OUTPUT
                END IF;
            WHEN S2 =>                              -- STATE S2
                IF DIN = '1' THEN                   -- INPUT = 1
                    NEXTSTATE <= S2;
                        OP <= '0';                  -- OUTPUT
                ELSE
                    NEXTSTATE <= S3;
                        OP <= '1';                  -- OUTPUT
                END IF;
            WHEN S3 =>                              -- STATE S3
                IF DIN = '1' THEN                   -- INPUT = 1
                    NEXTSTATE <= S0;
                        OP <= '1';                  -- OUTPUT
                ELSE
                    NEXTSTATE <= S1;
                        OP <= '0';                  -- OUTPUT
                END IF;
            WHEN OTHERS =>                          -- Initial State
                NEXTSTATE <= S0;
                    OP <= '0';                      -- OUTPUT
        END CASE;
    END PROCESS CHANGESTATEMODE;
END A;
```

5. 交通灯控制系统的 VHDL 有限状态机实现

```
library ieee;
use ieee.std_logic_1164.all;
entity RYG is
port(
        AX: in std_logic;  -- 主干道车辆传感器
        BX: in std_logic;  -- 支干道车辆传感器

        T5: in std_logic;  -- 黄灯
        T25: in std_logic; -- 客流正常时的绿灯
        T30: in std_logic; -- 客流多时的绿灯
```

```vhdl
        Reset:in std_logic;  --系统复位
        Clock:in std_logic;  --时钟输入
        chioce:in std_logic;
        ag:out std_logic;  --A 车道绿灯
        ay:out std_logic;  --A 车道黄灯
        ar:out std_logic;  --A 车道红灯

        bg:out std_logic;  --B 车道绿灯
        by:out std_logic;  --B 车道黄灯
        br:out std_logic;  --B 车道红灯

        C5:out std_logic;
        chioce1:out std_logic;
        en_30:out std_logic
        );
end RYG;
architecture Statemachine of RYG is
type State_type is(S0,S1,S2,S3);    --交通灯状态组合
signal State:State_type;
begin
Change_State:
    process(State,AX,BX,T5,T25,T30)
    begin
        if Reset ='1'then
            State <= S0;
        elsif rising_edge(Clock)then
            case State is
                when S0 =>
                    if ((((NOT AX)OR T25) AND BX) ='1'  or (((NOT AX)OR T30) AND BX) ='1
')then --AK,主干道绿灯转成黄灯需满足的条件
                        State <= S1;
                    end if;
                when S1 =>
                    if T5 ='1'then -- 主干道黄灯转成红灯需满足的条件
                        State <= S2;
                    end if;
                when S2 =>
                    if (((not Bx) or (Ax and T25)) ='1'or ((not Bx)or( Ax and T30)) ='1') then -
-BK,次干道绿灯转成黄灯需满足的条件
                        State <= S3;
                    end if;
                when S3 =>
                    if T5 ='1'then --次干道黄灯转成红灯需满足的条件
                        State <= S0;
                    end if;
            end case;
        end if;
```

```
            end process;
Output_Process:
    process(State,AX,BX,T5,T25,T30)
    begin
        case State is
            when S0 =>
                    ag <='1';
                    ay <='0';ar <='0';bg <='0';by <='0';
                    br <='1';
                    en_30 <='1';
                    C5 <='0';
            when S1 =>
                    ag <='0';ay <='1';ar <='0';bg <='0';by <='0';br <='1';
                    en_30 <='0';
                    C5 <='1';
            when S2 =>
                    ag <='0';ay <='0';ar <='1';bg <='1';by <='0';br <='0';
                    en_30 <='1';
                    C5 <='0';
            when S3 =>
                    ag <='0';ay <='0';ar <='1';bg <='0';by <='1';br <='0';
                    en_30 <='0';
                    C5 <='1';
        end case;
        chioce1 <= chioce;
    end process;
end Statemachine;
```

6. 寄存器组程序

```
LIBRARY IEEE;
USE IEEE. STD_LOGIC_1164. ALL;
USE IEEE. STD_LOGIC_ARITH. ALL;
USE IEEE. STD_LOGIC_UNSIGNED. ALL;

ENTITY register_set IS
PORT(
    reset    :INSTD_LOGIC;
    clk:IN    STD_LOGIC;
    R_R_W_ADD;   INSTD_LOGIC_VECTOR(1 DOWNTO 0);     --使能端
    Address0,Address1:IN STD_LOGIC_VECTOR(3 DOWNTO 0);  --4位的寄存器编号
    W_Data;   INSTD_LOGIC_VECTOR(3 DOWNTO 0);       --待写入数据
    Read_data0,Read_data1:OUTSTD_LOGIC_VECTOR(3 DOWNTO 0)   --输出数据
);
END register_set;

ARCHITECTURE register_set_body OF register_set IS
```

```vhdl
        TYPE my_array IS ARRAY(15 DOWNTO 0) OF STD_LOGIC_VECTOR(3 DOWNTO 0);
SIGNAL reg :my_array;
BEGIN
PROCESS (reset,clk,R_R_W_ADD,Address0,Address1)
VARIABLE i :INTEGER;
BEGIN
    IF reset ='0'THEN
       FOR i IN 3 DOWNTO 0 LOOP
            reg(i)  <= "0000";
       END LOOP;
    ELSE
       IF clk'event AND clk ='0'then
          if R_R_W_ADD = "10" THEN
             reg(CONV_INTEGER(Address0)) <= W_Data;
          elsif  R_R_W_ADD = "11" THEN
             reg(CONV_INTEGER(Address1)) <= W_Data;
          end if;
       END IF;
    END IF;
  END PROCESS;
  Read_data0 <= reg(CONV_INTEGER(Address0));
  Read_data1 <= reg(CONV_INTEGER(Address1));
END register_set_body;
```

7. 16位变长指令 CPU 的控制器实现

```vhdl
LIBRARY IEEE;
USE IEEE. STD_LOGIC_1164. ALL;

ENTITY Control IS
PORT(reset      :IN   STD_LOGIC;
     clock      :IN   STD_LOGIC;
     PSW        :IN   STD_LOGIC_VECTOR(15 DOWNTO 0);
     Operate    :IN   STD_LOGIC_VECTOR(5 DOWNTO 0);
     PC_e       :OUT  STD_LOGIC;
     Sp_e       :OUT  STD_LOGIC;
     Ps_e       :OUT  STD_LOGIC;
     C_e        :OUT  STD_LOGIC;
     IR_e       :OUT  STD_LOGIC;
     M_R_W      :OUT  STD_LOGIC;
     ALU_op     :OUT  STD_LOGIC_VECTOR(3 DOWNTO 0);
     In_pc      :OUT  STD_LOGIC_VECTOR(1 DOWNTO 0);
     M_addr     :OUT  STD_LOGIC_VECTOR(2 DOWNTO 0);
     M_data     :OUT  STD_LOGIC_VECTOR(1 DOWNTO 0);
     In_ALU1    :OUT  STD_LOGIC_VECTOR(2 DOWNTO 0);
```

```vhdl
        In_ALU2           :OUT  STD_LOGIC_VECTOR(1 DOWNTO 0);
        In_reg            :OUT  STD_LOGIC_VECTOR(2 DOWNTO 0);
        As_op             :OUT  STD_LOGIC_VECTOR(1 DOWNTO 0);
        Writ_reg          :OUT  STD_LOGIC_VECTOR(1 DOWNTO 0);
        present_out       :OUT  STD_LOGIC_VECTOR(4 DOWNTO 0) )  ;
END ENTITY;

ARCHITECTURE rtl OF control IS
    TYPE   state IS  (s0,s1,s2,s3,s4,s5,s6,s7,s8,s9,s10,s11,s12,s13,s14,s15,s16,s17);
    SIGNAL present_state,next_state:state;
BEGIN
    PROCESS(clock,reset)
      BEGIN
        IF reset ='1'THEN
            present_state  <= s0;
        ELSIF clock'event and clock ='1'THEN
            present_state  <= next_state;
        END IF;
    END PROCESS;

PROCESS(present_state,Operate,PSW)
BEGIN
    PC_e      <= '0';
    Sp_e      <= '0';
    Ps_e      <= '0';
    C_e       <= '0';
    IR_e      <= '0';
    M_R_W     <= '0';
    ALU_op    <= "0000";
    In_pc     <= "00";
    M_addr    <= "000";
    M_data    <= "00";
    In_ALU1   <= "000";
    In_ALU2   <= "00";
    In_reg    <= "000";
    As_op     <= "00";
    Writ_reg  <= "00";
CASE present_state IS
    WHEN s0  =>
        M_addr <= "001";
        IR_e <='1';
        PC_e <='1';
        In_pc <= "01";
        next_State <= S1;
        present_out <= "00000";
    WHEN s1  =>
        M_addr <= "000";
```

```
                IR_e <='0';
                PC_e <='0';
                In_pc <= "00";
                if  operate = "000000" or operate = "000110" then
                        next_State    <= S2;
                elsif operate = "000001" then
                        next_State    <= S3;
                elsif operate = "000010" then
                        next_State    <= S4;
                elsif operate = "000011" then
                        next_State    <= S5;
                elsif operate = "000100" or operate = "000101" or operate = "001111" then
                        next_State    <= S6;
                elsif operate = "010000" then
                        next_State    <= S11;
                elsif operate = "000111" or operate = "001001" or operate = "001011" or operate = "001100"
or operate = "001101" then
                        next_State    <= S8;
                elsif operate = "001000" or operate = "001010" then
                        next_State    <= S9;
                elsif operate = "001110" then
                        next_State    <= S10;
                 elsif operate = "010001" or operate = "010010" or operate = "010011" or operate = "
010100" then
                        next_State    <= S12;
                  elsif operate = "010101" or operate = "010110" or operate = "010111" or operate = "
011000" then
                        next_State    <= S13;
                elsif operate = "011001" or operate = "100000" then
                        next_State    <= S14;
                elsif operate = "011010" or operate = "100010" then
                        next_State    <= S15;
                elsif operate = "011100"    then
                            if Psw(1) ='1'then
                                next_State    <= S16;
                            else
                                next_State    <= S0;
                            end if;
                elsif operate = "011101" then
                            if Psw(2) ='1'then
                                next_State    <= S16;
                            else
                                next_State    <= S0;
                            end if;
                elsif operate = "011110" then
                            if Psw(0) ='1'then
                                next_State    <= S16;
```

```vhdl
                else
                    next_State <= S0;
                end if;
            elsif operate = "011111" then
                if Psw(3) = '1' then
                    next_State <= S16;
                else
                    next_State <= S0;
                end if;
            elsif operate = "011011" then
                next_State <= S16;
            end if;
            present_out <= "00001";
    WHEN s2 =>
            In_reg       <= "010";
            Writ_reg     <= "10";
            if   operate = "000000" or operate = "000110" then
                M_addr   <= "100";
            elsif operate = "000100" then
                M_addr   <= "011";
            end if;
            if   operate = "000000" or operate = "000100" then
                next_State <= S0;
            elsif operate = "000110" then
                next_state <= s7;
            end if;
            present_out <= "00010";
    WHEN s3 =>
            M_data       <= "10";
            M_R_W        <= '1';
            if   operate = "000001" then
                M_addr   <= "101";
            elsif operate = "000101" then
                M_addr   <= "011";
            elsif operate = "011001" then
                M_addr   <= "010";
            end if;
            next_state <= s0;
            present_out <= "00011";

    WHEN s4 =>
            M_addr       <= "001";
            In_reg       <= "010";
            Writ_reg     <= "10";
            Pc_e         <= '1';
            In_pc        <= "01";
            present_out <= "00100";
```

```vhdl
            next_state   <= s0;
    WHEN s5  =>
        Writ_reg     <= "10";
        if  operate = "000011"  then
            In_reg       <= "100";
        elsif operate = "010000" then
            In_reg       <= "001";
        end if;
        next_state   <= s0;
        present_out <= "00101";
    WHEN s6  =>
        M_addr       <= "001";
        PC_e <='1';
        In_pc <= "01";
        if  operate = "000100"  then
            In_alu2      <= "01";
            In_alu1      <= "010";
        elsif operate = "000101" or operate = "001111" then
            In_alu2      <= "10";
            In_alu1      <= "100";
        end if;
        if  operate = "000100" or operate = "000101" then
            Alu_op       <= "0001";
        elsif  operate = "001111" then
            Alu_op       <= "0010";
            Ps_e         <= '1';
        end if;
        if  operate = "000100"  then
            next_State   <= S2;
        elsif operate = "000101" then
            next_state   <=  s3;
        elsif operate = "001111" then
            next_state   <=  s0;
        end if;
        present_out <= "00110";
    WHEN s7  =>
        In_alu1      <= "010";
        Alu_op       <= "1111";
        In_reg       <= "011";
        Writ_reg     <= "01";
        present_out <= "00111";
        next_state   <=s0;
    WHEN s8  =>
        In_alu1      <= "010";
        In_alu2      <= "10";
        Ps_e         <= '1';
        In_reg       <= "011";
```

```vhdl
            Writ_reg      <= "10";
            if    operate = "000111"    then
            Alu_op        <= "0001";
            elsif  operate = "001001"  then
                Alu_op        <= "0010";
            elsif  operate = "001011"  then
                Alu_op        <= "0011";
            elsif  operate = "001100"  then
                Alu_op        <= "0100";
            elsif  operate = "001101"  then
                Alu_op        <= "0101";
            end if;
            next_state  <=  s0;
            present_out <= "01000";
    WHEN s9  =>
            M_addr        <= "100";
            In_alu1       <= "100";
            In_alu2       <= "10";
            Ps_e          <= '1';
            In_reg        <= "011";
            Writ_reg      <= "10";
            if    operate = "001000"    then
                Alu_op        <= "0001";
            elsif operate = "001010"  then
                Alu_op        <= "0010";
            end if;
            next_state  <= s0;
            present_out <= "01001";
    when s10  =>
            In_alu1       <= "010";
            In_alu2       <= "10";
            Ps_e          <= '1';
            Alu_op        <= "0010";
            present_out <= "01010";
            next_state  <= s0;
    WHEN s11 =>
            C_e           <= '1';
            In_reg        <= "101";
            Writ_reg      <= "01";
            next_state  <= s5;
            present_out <= "01011";
    WHEN s12 =>
            In_alu1       <= "011";
            In_alu2       <= "10";
            Ps_e          <= '1';
            In_reg        <= "011";
            Writ_reg      <= "10";
```

```
            if  operate = "010001"   then
            Alu_op       <= "1000";
            elsif  operate = "010010" then
                Alu_op       <= "1001";
            elsif  operate = "010011" then
                Alu_op       <= "1010";
            elsif  operate = "010100" then
                Alu_op       <= "1011";
            end if;
               next_state  <= s0;
            present_out <= "01100";
    WHEN s13 =>
            In_alu2      <= "10";
            Ps_e         <= '1';
            In_reg       <= "011";
            Writ_reg     <= "10";
            if  operate = "010101"   then
                Alu_op       <= "0110";
            elsif  operate = "010110" then
                Alu_op       <= "0111";
            elsif  operate = "010111" then
                Alu_op       <= "1100";
            elsif  operate = "011000" then
                Alu_op       <= "1101";
            end if;
            next_state  <= s0;
            present_out <= "01101";
    WHEN s14 =>
            Sp_e         <= '1';
            As_op        <= "10";
            if  operate = "011001"   then
                next_state  <= s3;
            elsif operate = "100000" then
                next_state  <= s17;
            end if;
            present_out <= "01110";
    WHEN s15 =>
            M_addr       <= "010";
            Ps_e         <= '1';
            As_op        <= "01";
            if  operate = "011010"   then
                In_reg       <= "010";
                Writ_reg     <= "10";
            elsif  operate = "100010" then
                In_pc        <= "10";
                Pc_e         <= '1';
            end if;
```

```
                    next_state <= s0;
                    present_out <= "01111";
                WHEN s16 =>
                    if  operate = "011011" or ( operate = "011100" and psw( 1 ) ='1' ) or ( operate = "011101"
and psw( 2 ) ='1' ) or ( operate = "011110" and psw( 0 ) ='1' ) or ( operate = "011111" and psw( 3 ) =
'1' ) or operate = "100000"    then
                        In_alu1     <= "001";
                        In_alu2     <= "11";
                        Alu_op      <= "0001";
                        In_pc       <= "11";
                        Pc_e        <='1';
                    end if;
                    next_state <= s0;
                    present_out <= "10000";
                WHEN s17 =>
                    M_addr      <= "010";
                    M_R_W       <= '1';
                    M_data      <= "01";
                    next_state <= s16;
                    present_out <= "10001";
            END CASE;
        END PROCESS;
    END;
```

8. 典型流水线寄存器的实现

1) IF/ID 流水线寄存器

```
        LIBRARY IEEE;
        USE IEEE. STD_LOGIC_1164. ALL;

        ENTITYIFIDreg IS
            PORT
            (
                reset       :INSTD_LOGIC;
                clk         :INSTD_LOGIC;
                IFID_write  :INSTD_LOGIC;
                NPC_input   :INSTD_LOGIC_vector( 15 downto 0 );
                IR_input    :INSTD_LOGIC_vector( 15 downto 0 );
                IR_output   :OUT STD_LOGIC_vector( 15 downto 0 );
                NPC_output  :OUT STD_LOGIC_vector( 15 downto 0 )
            );
        ENDIFIDreg;

        ARCHITECTURE a OFIFIDreg IS
        BEGIN
        PROCESS ( reset,clk )
        BEGIN
```

```vhdl
        IF reset = '0' then
           NPC_output <= x"0000";
           IR_output  <= x"0000";
        elsif ( clk'EVENT AND clk = '1' ) THEN
            IF IFID_write = '1' THEN
               NPC_output <= NPC_input;
               IR_output <= IR_input;
            END IF;
        END IF;
   END PROCESS;
END a;
```

2) ID/EX 流水线寄存器

```vhdl
LIBRARY IEEE;
USE IEEE.STD_LOGIC_1164.ALL;

ENTITYIDEXreg IS
   PORT
    (
         reset           :inSTD_LOGIC;
         clk             :inSTD_LOGIC;
         clear           :inSTD_LOGIC;
         IDEX_write      :inSTD_LOGIC;
         Mux2_sin        :in STD_LOGIC_vector(1 downto 0);
         Mux3_sin        :in STD_LOGIC_vector(2 downto 0);
         Mux5_sin        :in STD_LOGIC_vector(1 downto 0);
         ALU_sin         :in STD_LOGIC_vector(3 downto 0);
         EXWren_sin      :in STD_LOGIC;
         EXregwritein    :inSTD_LOGIC;
         EXMux4_sin      :in STD_LOGIC_vector(1 downto 0);
         Imm_input       :inSTD_LOGIC_vector(15 downto 0);
         IR_input        :inSTD_LOGIC_vector(15 downto 0);
         A_input         :in STD_LOGIC_vector(15 downto 0);
         B_input         :in STD_LOGIC_vector(15 downto 0);
         NPC_input       :in STD_LOGIC_vector(15 downto 0);
         A_output        :out STD_LOGIC_vector(15 downto 0);
         B_output        :out STD_LOGIC_vector(15 downto 0);
         ST_output       :out STD_LOGIC_vector(2 downto 0);
         NPC_output      :out STD_LOGIC_vector(15 downto 0);
         Imm_output      :out STD_LOGIC_vector(15 downto 0);
         Mux2_sout       :out STD_LOGIC_vector(1 downto 0);
         Mux3_sout       :out STD_LOGIC_vector(2 downto 0);
         Mux5_sout       :out STD_LOGIC_vector(1 downto 0);
         ALU_sout        :out STD_LOGIC_vector(3 downto 0);
         EXWren_sout     :out STD_LOGIC;
         EXregwriteout   :out STD_LOGIC;
```

```vhdl
                EXMux4_sout              :out STD_LOGIC_vector(1 downto 0)
    );
ENDIDEXreg;

ARCHITECTURE a OF IDEXreg IS
BEGIN
    PROCESS (reset,clk,clear)
BEGIN
    IF reset = '0' then
        A_output  <= x"0000";
        B_output  <= x"0000";
        Imm_output <= x"0000";
        ST_output  <= "000";
        NPC_output <= x"0000";
        EXWren_sout <='0';
        EXregwriteout <='0';
    elsif (clk'EVENT AND clk = '1') THEN
        IF IDEX_write = '1'and clear ='0'THEN
            A_output <= A_input;
            B_output <= B_input;
            Imm_output <= Imm_input;
            NPC_output <= NPC_input;
            Mux2_sout <= Mux2_sin;
            Mux3_sout <= Mux3_sin;
            Mux5_sout <= Mux5_sin;
            ALU_sout <= ALU_sin;
            EXWren_sout <= EXWren_sin;
            EXregwriteout <= EXregwritein;
            EXMux4_sout <= EXMux4_sin ;
            If IR_input (15 downto 13) = "000" or IR_input (15 downto 12) = "0010" then
                ST_output   <= IR_input (5 downto 3);    --R型指令写回 rd
            elsif IR_input (15 downto 12) = "0100" or IR_input (15 downto 12) = "0101" or IR_input (15 downto 12) = "0110" then
                ST_output   <= IR_input (8 downto 6); --I型指令写回 rt
            end if;
        elsif IDEX_write = '1'and clear ='1'then
            A_output <= x"0000";
            B_output  <= x"0000";
            Imm_output <= x"0000";
            ST_output <= "000";
            NPC_output <= x"0000";
            EXWren_sout <='0';
            EXregwriteout <='0';
        END IF;
    END IF;
    END PROCESS;
END a;
```

9. 流水线 CPU 的控制器实现

```vhdl
LIBRARY IEEE;
USE IEEE.STD_LOGIC_1164.ALL,IEEE.NUMERIC_STD.ALL;

ENTITY Control IS
PORT(
    IR                                              :in STD_LOGIC_VECTOR(15 DOWNTO 0);
    CMPout                                          :in STD_LOGIC;
    EXregwrite,MEMregwrite                          :in STD_LOGIC;
    EXMux4_s,MEMMux4_s                              :in STD_LOGIC_VECTOR (1 downto 0);
    EXst,MEMst                                      :in  STD_LOGIC_VECTOR (2 downto 0);
    regwrite,Wren,ex_s,pc_write,clear               :out STD_LOGIC;
    IFID_write,IDEX_write,EXMEM_write,MEMWB_write   :out STD_LOGIC;
    ALU_s,CMP_s                                     :out STD_LOGIC_VECTOR (3 downto 0);
    Mux1_s,Mux2_s,Mux4_s,Mux5_s,Mux6_s,Mux7_s       :out STD_LOGIC_VECTOR (1 downto 0);
    Mux3_s                                          :out STD_LOGIC_VECTOR (2 downto 0)
    );
ENDControl;

ARCHITECTURE ct OFControl IS
BEGIN
    PROCESS(IR,CMPout,EXregwrite,MEMregwrite,EXMux4_s,MEMMux4_s,EXst,MEMst)
    BEGIN
        pc_write <= '1';
        IFID_write <= '1';
        IDEX_write <= '1';
        EXMEM_write <='1';
        MEMWB_write <='1';
        clear <= '0';
        Wren <='0';
        regwrite <='0';
        if IR(15 downto 12) = "0000" then
            case IR(2 downto 0) is
                when "000" => ALU_s <= "1111";
                when "001" => ALU_s <= "0000";
                when "010" => ALU_s <= "0001";
                when "011" => ALU_s <= "0000";
                when "100" => ALU_s <= "0001";
                when others => ALU_s <= "1111";
            end case;
        elsif IR(15 downto 12) = "0001" then
            case IR(2 downto 0) is
                when "000" => ALU_s <= "0100";
                when "001" => ALU_s <= "0101";
                when "010" => ALU_s <= "0110";
                when "011" => ALU_s <= "0111";
```

```vhdl
            when "100" => ALU_s <= "1000";
            when "101" => ALU_s <= "1001";
            when "110" => ALU_s <= "1000";
            when "111" => ALU_s <= "0010";
            when others => ALU_s <= "1111";
            end case;
    elsif IR(15 downto 12) = "0010" then
            case IR(2 downto 0) is
            when "000" => ALU_s <= "1010";
            when "001" => ALU_s <= "1011";
            when "010" => ALU_s <= "1100";
            when "011" => ALU_s <= "1101";
            when "100" => ALU_s <= "1110";
            when others => ALU_s <= "1111";
            end case;
    elsifIR(15 downto 12) = "0110" then
            ALU_s <= "0001";
    else
            ALU_s <= "0000";
    end if;

    if IR(15 downto 12) = "0011" then
        Wren <= '1';
    else
        Wren <= '0';
    end if;

    if IR(15 downto 12) = "1101" then
        Mux4_s <= "00"; --npc 回写 JAL
    elsif IR(15 downto 12) = "0100" then
        Mux4_s <= "01"; --LMD 回写 LW
    elsif IR(15 downto 13) = "000"  or IR(15 downto 12) = "0010" or IR(15 downto 12)
= "0101" or IR(15 downto 12) = "0110"  then
        Mux4_s <= "10"; --aluoutput 回写
    end if;

    if IR(15 downto 12) = "0011" or IR (15 downto 14) = "01" or IR(15 downto 12) = "
1000" or IR(15 downto 12) = "1001" or IR(15 downto 12) = "1010" then
        ex_s <= '0';
    elsif IR(15 downto 12) = "1100" or IR(15 downto 12) = "1101" then
        ex_s <= '1';
    end if;

    if ( IR(15 downto 12) = "0000" and IR(2 downto 0) /= "000") or IR(15 downto 12)
= "0001" or IR(15 downto 12) = "0010" or IR(15 downto 12) = "0100" or IR(15 downto 12) = "
0101" or IR(15 downto 12) = "0110" or IR(15 downto 12) = "1101" then
        regwrite <= '1';
```

```
            else
                regwrite <='0';
            end if;  --判断是否是要更新寄存器组的指令

            if (IR(15 downto 12) = "1101" or IR(15 downto 12) = "1100" or IR(15 downto 12) = "
0111" or IR(15 downto 12) = "1000" or IR(15 downto 12) = "1001" or IR(15 downto 12) = "
1010") and  CMPout ='1' then
                    Mux1_s <= "01";   --选择目标地址 npc < - npc + Imm
            elsif ir(15 downto 12) = "1011" then
                    Mux1_s <= "10"; --npc < - reg[rs]
            else
                    Mux1_s <= "00"; --npc < - pc + 1
            end if;

            CMP_s  <= IR(15 downto 12);

            --load 互锁
            if EXMux4_s = "01" and (EXst = IR(11 downto 9) or EXst = IR(8 downto 6)) and
EXregwrite ='1' then
                    pc_write <= '0';
                    IFID_write <= '0';
                    IDEX_write <= '1';
                    clear <= '1';
            else
                pc_write <= '1';
                IFID_write <= '1';
                IDEX_write <= '1';
            clear <= '0';
            end if;
            --数据冲突
            if (IR(15 downto 12) = "0111" or IR(15 downto 12) = "1000" or IR(15 downto 12) = "
1001" or IR(15 downto 12) = "1010" or IR(15 downto 12) = "1011") and EXst = IR(11 downto 9)
and EXregwrite ='1' and EXmux4_s = "10"  then
                    Mux7_s <= "10";  --ALU. aluoutput
            elsif (IR(15 downto 12) = "0111" or IR(15 downto 12) = "1000" or IR(15 downto 12)
= "1001" or IR(15 downto 12) = "1010" or IR(15 downto 12) = "1011") and MEMst = IR(11 down-
to 9) and MEMregwrite ='1' and MEMmux4_s = "10" then
                Mux7_s <= "00"; --EX/MEM. aluoutput
            elsif (IR(15 downto 12) = "0111" or IR(15 downto 12) = "1000" or IR(15 downto 12)
= "1001" or IR(15 downto 12) = "1010" or IR(15 downto 12) = "1011") and MEMst = ir(11 downto
9) and MEMregwrite ='1' and MEMmux4_s = "01" then
                    Mux7_s <= "01"; --dataout
            else
                Mux7_s <= "11";
            end if;

            if IR(15 downto 12) = "0111"  and EXst = IR(8 downto 6) and EXregwrite ='1' and EX-
mux4_s = "10"  then
```

```
                Mux6_s <= "10";  --ALU. aluoutput
            elsif IR(15 downto 12) = "0111" and MEMst = IR(8 downto 6) and MEMregwrite ='1'and MEMmux4_s = "10" then
                Mux6_s <= "00";  --EX/MEM. aluoutput
            elsif IR(15 downto 12) = "0111" and MEMst = ir(8 downto 6) and MEMregwrite ='1'and MEMmux4_s = "01" then
                Mux6_s <= "01";  --dm. output
            else
                Mux6_s <= "11";  --自己的寄存器 b 中的值
            end if;

            if (IR(15 downto 13) = "000" or IR(15 downto 12) = "0010" or IR(15 downto 12) = "0011" or IR(15 downto 12) = "0100" or IR(15 downto 12) = "0101" or IR(15 downto 12) = "0110") and EXst = IR(11 downto 9) and EXregwrite ='1'and EXmux4_s = "10" then
                Mux2_s <= "10";  --来自 exmem 的 aluoutput 的值
            elsif (IR(15 downto 13) = "000" or IR(15 downto 12) = "0010" or IR(15 downto 12) = "0011" or IR(15 downto 12) = "0100" or IR(15 downto 12) = "0101" or IR(15 downto 12) = "0110") and MEMst = IR(11 downto 9) and MEMregwrite ='1'and MEMmux4_s = "10" then
                Mux2_s <= "01";  --来自 memwb 的 aluoutput 的值
            elsif (IR(15 downto 13) = "000" or IR(15 downto 12) = "0010" or IR(15 downto 12) = "0011" or IR(15 downto 12) = "0100" or IR(15 downto 12) = "0101" or IR(15 downto 12) = "0110") and EXst = IR(11 downto 9) and EXregwrite ='1'and EXmux4_s = "01" then
                Mux2_s <= "11";  --来自 memwb 的 lmd 的值
            elsif (IR(15 downto 13) = "000" or IR(15 downto 12) = "0010" or IR(15 downto 12) = "0011" or IR(15 downto 12) = "0100" or IR(15 downto 12) = "0101" or IR(15 downto 12) = "0110") and MEMst = IR(11 downto 9) and MEMregwrite ='1'and MEMmux4_s = "01" then
                Mux2_s <= "11";  --来自 memwb 的 lmd 的值--
            else
                Mux2_s <= "00";  --自己的寄存器 a 中的值
            end if;

            if (IR(15 downto 13) = "000" or IR(15 downto 12) = "0010") and EXst = IR(8 downto 6) and EXregwrite ='1'and EXmux4_s = "10" then
                Mux3_s <= "010";  --来自 exmem 的 aluoutput 的值
            elsif (IR(15 downto 13) = "000" or IR(15 downto 12) = "0010") and MEMst = IR(8 downto 6) and MEMregwrite ='1'and MEMmux4_s = "10" then
                Mux3_s <= "001";  --来自 memwb 的 aluoutput 的值
            elsif (IR(15 downto 13) = "000" or IR(15 downto 12) = "0010") and EXst = IR(8 downto 6) and EXregwrite ='1'and EXmux4_s = "01" then
                Mux3_s <= "011";  --来自 memwb 的 lmd 的值
            elsif (IR(15 downto 13) = "000" or IR(15 downto 12) = "0010") and MEMst = IR(8 downto 6) and MEMregwrite ='1'and MEMmux4_s = "01" then
                Mux3_s <= "011";  --来自 memwb 的 lmd 的值--
            elsif IR(15 downto 12) = "0011" or IR(15 downto 12) = "0100" or IR(15 downto 12) = "0101" or IR(15 downto 12) = "0110" then
                Mux3_s <= "100";  --如果是立即值指令则选择立即数送入
            else
                Mux3_s <= "000";  --自己的寄存器 b 中的值
```

```
                end if;

          if IR(15 downto 12) = "0011" and EXregwrite ='1' and EXmux4_s = "10" and EXst = IR
(8 downto 6) then
                Mux5_s <= "11";
           elsif IR(15 downto 12) = "0011" and MEMregwrite ='1' and MEMmux4_s = "10" and
MEMst = ir(8 downto 6) then
                Mux5_s <= "10";
           elsif IR(15 downto 12) = "0011" and MEMregwrite ='1' and MEMmux4_s = "01" and
MEMst = ir(8 downto 6) then
                mux5_s <= "01";
           else
                mux5_s <= "00";
           end if;

END PROCESS;
  end;
```

附录 C

Quartus Ⅱ 安装及使用指南

Quartus Ⅱ 是 Altera 公司的 EDA 设计软件，是为 Altera 公司生产的各种可编程器件 CPLD 和 FPGA 编程而设计的，因此对象是使用 Altera 器件的用户。它提供了完整的多平台设计环境，能满足各种特定设计的需要。Quartus Ⅱ 设计工具完全支持 VHDL、Verilog 设计流程，内部嵌有 VHDL、Verilog 逻辑综合器。Quartus Ⅱ 也可以利用第三方的综合工具，如 Leonardo Spectrum、synplify Proh 和 FPGA Compiler Ⅱ 等，并能直接调用这些工具。Quartus Ⅱ 具有仿真功能。

Quartus Ⅱ 包括模块化的编译器。编译器包括的功能模块有分析/综合器（Analysis & Synthesis）、适配器（Fitter）、装配器（Assembler）、时序分析器（Timing Analyzer）、设计辅助模块（Design Assistant）、EDA 网表文件生成器（EDA Netlist Writer）和编译数据库窗口（Compiler Database Interface）等。可以通过执行 Start 菜单中的各种命令运行编译器中的各单独模块（步骤）。还可以通过选择"Compiler Tool"（在"Tool"菜单中），在"Compiler Tool"中通过单击按钮运行编译器中的各个模块（步骤）。

Quartus Ⅱ 包含有许多有用的 LPM（Library of Parameterized Modules）模块，它们是复杂或者高级系统构建中的重要组成部分。其中的可参数化宏功能模块和 LPM 函数均基于 Altera 器件的结构做了优化设计。在许多实际情况中，必须使用宏功能函数才可以使用 Altera 器件的一些特定硬件功能，例如各类片上的存储器、PLL（时钟锁相器）和 DSP 模块等。设计中可以使用 Quartus Ⅱ 的 MegaWizard Plug - In Manager 来建立宏功能函数，以加速设计和提高设计质量。

C1 Quartus Ⅱ 的安装

第 1 步：执行 install.exe，一直单击"下一步"按钮，最后出现提示对话框"Setup need next disk"，单击"取消"按钮，又出现一对话框，单击"确定"按钮，单击"取消"按钮，单击"确定"按钮，单击"取消"按钮，单击"确定"按钮，共 3 次。最后单击"Finish"按钮。

第 2 步：复制 license.dat（这个文件必须先到 crack 中生成本机的文件）到 C:\Altera\quartus50\下。

第 3 步：将 sys_cpt.dll 复制到 C:\Altera\quartus50\bin\下，将同名文件覆盖。一切就绪。

第 4 步：运行 quartus，在弹出的对话框里选择指定 license 路径一项，单击"下一步"按钮后，在弹出的对话框的"license setup"中选择路径 C:\Altera\quartus50\下的 license.dat。

注释：也可以在软件打开后，用 Tools\license Setup 命令修改 license。

第 5 步：打开 Quartus Ⅱ 软件，选择菜单 tools\programmer 窗口的中上部设置为：Hardware Setup:ByteBlasterII[LPT1]，软件的使用文档中也有说明。

C2 Quartus Ⅱ 软件的用户界面

启动 Quartus Ⅱ 软件后默认的界面如图 C-1 所示,由标题栏、菜单栏、工具栏、资源管理窗口、编译状态显示窗口、信息显示窗口和工程工作区等部分组成。

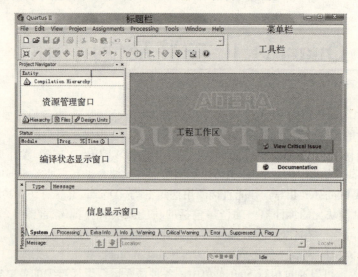

图 C-1　Quartus Ⅱ 主屏幕

1. 标题栏

标题栏中显示当前工程的路径和工程名。

2. 菜单栏

菜单栏主要由文件(File)、编辑(Edit)、视图(View)、工程(Project)、资源分配(Assignments)、操作(Processing)、工具(Tools)、窗口(Window)和帮助(Help)等下拉菜单组成。

3. 工具栏

工具栏中包含了常用命令的快捷图标。

4. 资源管理窗口

资源管理窗口用于显示当前工程中所有相关的资源文件。

5. 工程工作区

当 Quartus Ⅱ 实现不同的功能时,此区域将打开对应的操作窗口,显示不同的内容,进行不同的操作,如器件设置、定时约束设置、编译报告等均显示在此窗口中。

6. 编译状态显示窗口

此窗口主要显示模块综合、布局布线过程及时间。

7. 信息显示窗口

该窗口主要显示模块综合、布局布线过程中的信息,如编译中出现的警告、错误等,同时给出警告和错误的具体原因。

C3 Quartus Ⅱ 的开发流程

1. 创建一个新文件夹

一个工程中的所有文件要存放在一个文件夹中。因此，首先创建一个新文件夹。例如：C:\altera\myeda\counter_16。

2. 创建一个工程文件

在 Quartus Ⅱ 中，一个工程（project）由所有设计文件和有关设置构成。

第 1 步　建立工程名。

单击菜单条中的"File"菜单项，则出现一个有关文件操作的二级菜单，如图 C-2 所示。

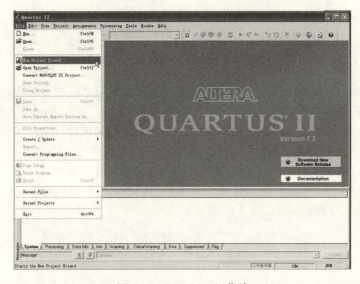

图 C-2　"File"二级菜单

在"File"二级菜单中单击"New Project Wizard"菜单项，就开始创建一个工程。以上操作称为执行"File"→"New Project Wizard"命令。在以后的叙述中类似的过程就统一称为执行"XX"命令。

执行"File"→"New Project Wizard"命令后，首先出现如图 C-3 所示的对话框。对话框的任务是确定工程所在的文件夹（目录）、工程名和顶层设计实体名。

在第 1 行输入准备建立的工程的路径和文件夹名；在第 2 行输入工程名；在第 3 行输入顶层设计实体名。输入的方法有两种：一种是在键盘上直接输入，另一种是单击窗口中本行右边的"浏览"按钮，选取合适的路径或者名称。尤其是在第一行中输入路径和文件名时采用第 2 种方法更可靠。如果是建立一个新的工程，在第一行输入后，会自动生成第 2 行和第 3 行中的名称。可以选用自动生成的名称，也可以重新输入自己定义的名称。请注意：第 3 行中的顶层设计实体名是对字母大小写敏感的，必须和设计文件中的顶层设计实体名完全相同。

在这一步骤中，选择了 C:\altera\myeda\counter_16 作为工程所在的文件夹，counter_16 作为工程名和顶层设计实体名。

输入结束后,单击窗口中的"Next"按钮,进入下一步。

第2步 输入工程中包含的设计文件。

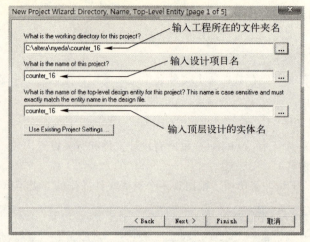

图 C-3 工程路径、工程名和顶层设计实体名对话框

输入工程中包含的设计文件对话框如图 C-4 所示。在该对话框中可以通过单击"Add All"按钮的办法将文件夹中的所有文件都加到工程中去,也可以在"File Name"框中输入设计文件名及其路径,然后单击"Add"按钮,将文件加入到工程中。输入设计文件名时,可以通过浏览的方式选中需要的文件后单击"Add"按钮将文件加入到工程中。对话框中有3个按钮对"File name"框中的文件顺序进行操作;单击文件名后,该文件名变成蓝色,单击"Remove"按钮,将该文件从"File name"框中删除;单击"Up"按钮,该文件向上移动一个位置;单击"Down"按钮,则该文件向下移动一个位置。

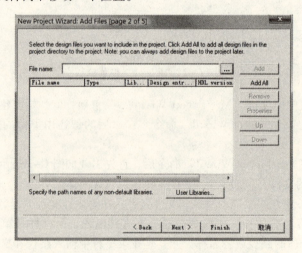

图 C-4 输入工程中包含的设计文件对话框

第3步 确定设计使用的器件。

确定设计使用器件的对话框如图 C-5 所示。在该对话框中,首先选中器件所属的系列,然后选择具体器件,不要直接输入器件名和封装类型。

首先在"Family"框中选择"Cyclone Ⅱ",然后在"Available devices"框中显示 Cyclone 系列中可用的器件(隐含有封装形式),这里选择"EP2C35F672C6"。单击"Next"按钮,进入下一步。

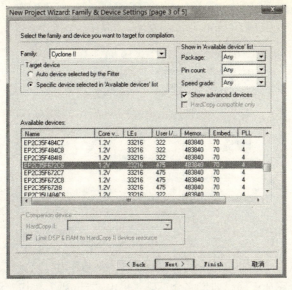

图 C-5 确定设计使用器件的对话框

第 4 步 选择 EDA 工具。

选择 EDA 工具对话框如图 C-6 所示。通过单击左边的 3 个小方框,全部选中 3 种功能:综合、仿真和时序分析。至于具体的完成工具,则使用对应对话框中显示的默认软件模块。如果不选择默认软件模块,则可通过浏览选择。然后单击"Next"按钮,进入下一步。

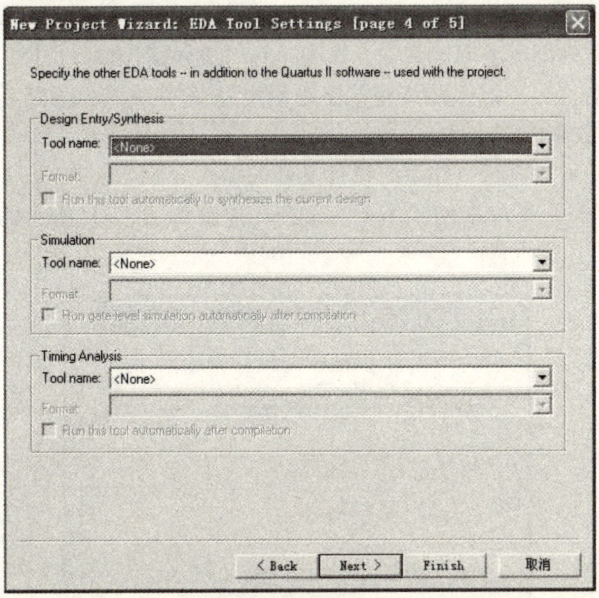

图 C-6 选择 EDA 工具对话框

第 5 步　检查工程中的各种设置。

进入这一步，建立一个工程的基本工作已经结束。主屏幕显示出该工程的摘要，如图 C-7 所示。

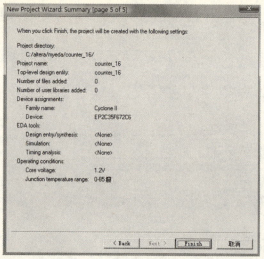

图 C-7　工程摘要显示对话框

检查各种设置是否完全正确，如果完全正确，单击"Finish"按钮，结束建立工程。如发现错误，单击"Back"按钮，退回到以前的各步骤，重新设置，直到完全正确为止。

3. 建立一个源文件

Quartus Ⅱ 软件的源文件输入法有：原理图输入法、文本输入法（如 VHDL）、AHDL 输入法、模块输入法、第三方 EDA 工具产生的文件以及混合使用以上几种设计输入法的方法。较常用的有：原理图输入法、VHDL 输入法、Verilog HDL 输入法等。

1）原理图输入法

原理图输入法也称为图形编辑输入法，用 Quartus Ⅱ 原理图输入设计法进行数字系统设计时，不需要任何硬件描述语言的知识，在具有数字逻辑电路基本知识的基础上，利用 Quartus Ⅱ 软件提供的 EDA 平台设计数字电路或系统。

新建工程之后，便可以进行电路系统设计文件的输入。

第 1 步：选择"File"菜单中的"New"命令，弹出如图 C-8 所示的新建设计文件类型对话框。

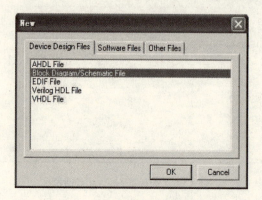

图 C-8　新建设计文件类型对话框

附录 C Quartus Ⅱ 安装及使用指南

第 2 步：选择该对话框的"Device Design Files"选项卡的"Block Diagram/Schematic File"，单击"OK"按钮，打开如图 C-9 所示的图形编辑器对话框，进行设计文件输入。

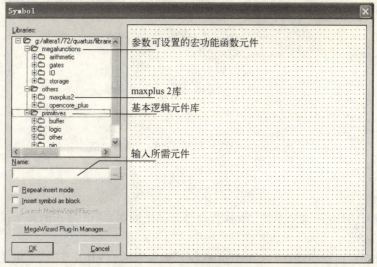

图 C-9 图形编辑器对话框

第 3 步：在图形编辑窗口中的任何一个位置双击鼠标，或单击图中的"符号工具"按钮，或选择"Edit"菜单的"Insert Symbol"命令，弹出如图 C-10 所示的元件选择窗口 Symbol 对话框。

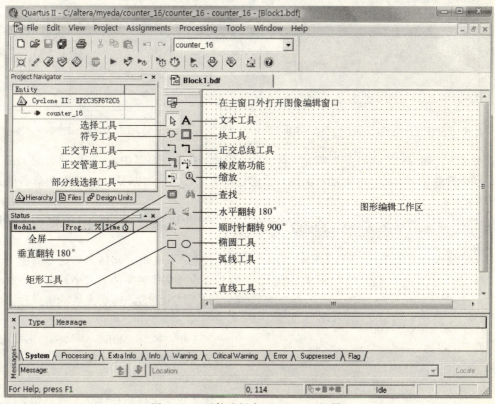

图 C-10 元件选择窗口 Symbol 对话框

第4步：用鼠标单击单元库前面的加号（+），库中的元件符号以列表的方式显示出来，选择所需要的元件符号，该符号显示在"Symbol"对话框的右边，单击"OK"按钮，添加相应元件符号在图像编辑工作区中，连接原理图。如图C-11是十六进制同步计数器的原理图。

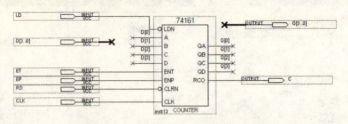

图C-11 十六进制同步计数器的原理图

第5步：执行"File"→"Save as"命令，将文件另存为counter_16。

2) VHDL输入法

第1步：选择"File"菜单中的"New"命令，弹出如图C-12所示的新建设计文件类型对话框。

第2步：选择对话框的"Device Design Files"选项卡的"VHDL File"，单击"OK"按钮，打开如图C-13所示的VHDL文本编辑窗口，进行设计文件输入。

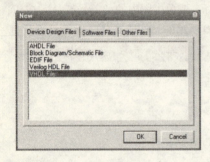

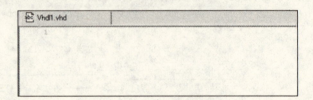

图C-12 新建设计文件类型对话框（选择VHDL File）　　图C-13 VHDL文本编辑窗口

这种文本编辑窗口是VHDL类型的文本编辑专用的。在这种窗口中，VHDL语言的关键字全部都自动醒目地显示出来。由于是新文件，目前还没有文件名，因此Quartus Ⅱ自动命名该文件为VHDL1.vhd。

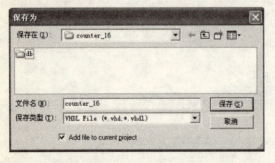

图C-14 "保存为"对话框

在VHDL文本编辑窗口中输入VHDL源程序。

注意：输入时，实体名一定要与建立工程时顶层设计实体的实体名大小写完全一致。

输入结束并改正能够发现的错误后结束输入，进入下一步。

第3步：执行"File"→"Save as"命令，主屏幕上出现如图C-14的"保存为"对话框。

由于这个文件是在建立工程后建立的，因

此默认的路径和文件夹是工程所在的路径和文件夹。由于文件中的设计实体名是 counter_16，因此默认的文件名是 counter_16。单击"保存"按钮，将文件保存。

4. 编译设计文件

QuartusⅡ编译器的主要任务是对设计项目进行检查并完成逻辑综合，同时将项目最终设计结果生成器件的下载文件。编译开始前，可以先对工程的参数进行设置。QuartusⅡ软件中的编译类型有全编译和分步编译两种。

选择 QuartusⅡ主窗口的"Process"菜单的"Start Compilation"命令，或者在主窗口的工具栏上直接单击图标▶可以进行全编译。

全编译的过程包括分析与综合（Analysis & Synthesis）、适配（Fitter）、编程文件汇编（Assembler）、时序分析（Classical Timing Analysis）这 4 个环节，而这 4 个环节各自对应相应的菜单命令，可以单独分步执行，这就是分步编译。分步编译使用对应命令分步执行对应的编译环节，每完成一个编译环节，生成一个对应的编译报告。

（1）分析与综合（Analysis & Synthesis）：对设计文件进行分析，检查输入文件是否有错误。对应的菜单命令是 QuartusⅡ主窗口的"Process"菜单的"Start"→"Start Analysis & Synthesis"，对应的快捷图标是主窗口的工具栏上的。

（2）适配（Fitter）：在适配过程中，完成设计逻辑器件中的布局布线、选择适当的内部互连路径、引脚分配、逻辑元件分配等，对应的菜单命令是 QuartusⅡ主窗口的"Process"菜单的"Start"→"Start Fitter（注意：两种编译方式的引脚分配有所区别）"。

（3）编程文件汇编（Assembler）：产生多种形式的器件编程映像文件，通过软件下载到目标器件中去，对应的菜单命令是 QuartusⅡ主窗口的"Process"菜单的"Start"→"Start Assembler"。

（4）时序分析（Classical Timing Analyzer）：计算给定设计与器件上的延时，完成设计分析的时序分析和所有逻辑的性能分析，菜单命令是 QuartusⅡ主窗口的"Process"菜单的"Start"→"Start Classical Timing Analyzer"，对应的快捷图标是主窗口的工具栏上的。

编译完成以后，编译报告窗口（Compilation Report）报告工程文件编译的相关信息，如编译的顶层文件名、目标芯片的信号、引脚的数目等。

全编译操作简单，适合简单的设计。对于复杂的设计，选择分步编译可以及时发现问题，提高设计纠错的效率，从而提高设计效率。

提示：

RTL 阅读器是观察和确定源设计是否实现了设计要求的理想工具。在设计的调试和优化过程中，可以使用 RTL 阅读器观察设计电路的综合结果，同时也可以观察源设计如何被翻译成逻辑门、原语等。

执行仿真验证设计功能之前使用 RTL 阅读器查找设计中的问题，可以在设计早期发现问题，为后期的验证工作节省时间。

（5）RTL 阅读器（RTL Viewer）：当设计通过编译后，选择 QuartusⅡ主窗口的"Tools"菜单的"Netlist Viewers"→"RTL Viewer"命令，弹出 RTL 阅读器窗口，如图 C-15 所示。

窗口的右边是过程设计结果的主窗口，包括设计电路的模块和连线；左边是层次列表，在每个层次上以树状形式列出了设计电路的所有单元。层次列表的内容包括以下几个方面。

① 实例（Instances）：能够被展开成低层次模块或实例。

② 原语（Primitives）：不能被展开为任何低层次模块的低层次节点。

③ 引脚（Pin）：当前层次的I/O端口，如果端口是总线，也可以将其展开，观察到端口中每一个端口的信号。

④ 网线（Net）：连接节点的连线，当网线是总线时也可以展开，观察每条网线。

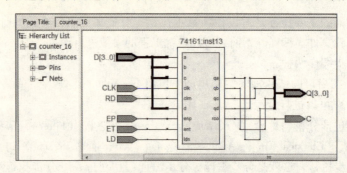

图 C-15　RTL阅读器窗口

双击结构图中的实例，可以展开此模块的下一级结构图，如图 C-16 所示。

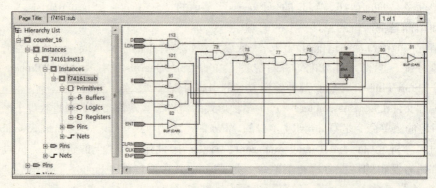

图 C-16　模块展开图

5. 分配引脚

执行"Assignment"→"Pins"命令，启动分配引脚功能，主工作区显示出分配引脚窗口，如图 C-17 所示。

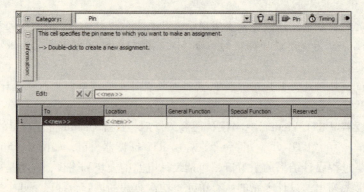

图 C-17　分配引脚窗口

双击分配引脚窗口下部的引脚信号分配表的第 1 行第 1 列（To 列）的 new 表格项，拉出引脚信号名下拉菜单，该菜单列出了 Counter_16 的所有引脚信号，如图 C-18 所示。

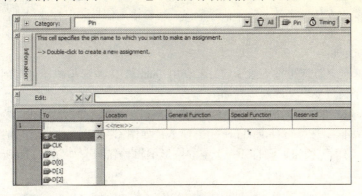

图 C-18　引脚信号名下拉菜单

在菜单中单击 C 信号，则 C 出现在引脚信号分配表中。双击引脚信号分配表第 1 行第 2 列（Location 列）的 new 表格项，拉出引脚信息下拉菜单，如图 C-19 所示。引脚信息下拉菜单对每一个引脚的引脚号、性质和用途进行了详细说明。单击某一菜单项，则选中该引脚，该引脚出现在引脚分配表中。选择结束后检查一遍，如发现错误，则双击错误处拉出此相应菜单进行修改。完全正确后，关闭分配引脚窗口（单击窗口的"关闭"按钮即"×"）。当出现"Do you want to save changes to assignments？"对话框时，回答"Y"，保存引脚分配。

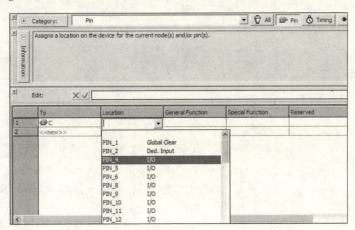

图 C-19　引脚信息下拉菜单

注意：CLK 引脚是时钟，要选择专用时钟引脚。

分配信号引脚结束后，重新执行"Processing"→"Start Compilation"命令进行编译一次，否则分配的引脚信号最终形成的 SOF（SRAM object file）文件不起作用。DOF 文件是最终下载到 FPGA 中的文件。

6. 仿真设计文件

仿真的目的就是在软件环境下，验证电路的行为和设想中的是否一致。FPGA/CPLD 中的仿真分为功能仿真和时序仿真。功能仿真着重考察电路在理想环境下的行为和设计构想的一致性；

时序仿真则在电路已经映射到特定的工艺环境后，考察器件在延时情况下对布局布线网表文件进行的一种仿真。

仿真一般需要建立波形文件、输入信号节点、编辑输入信号、保存波形文件和运行仿真器等过程。

1）建立波形文件

波形文件用来为设计产生输入激励信号。利用 Quartus Ⅱ 波形编辑器可以创建矢量波形文件（.vwf），创建一个矢量波形文件的步骤如下：

（1）选择 Quartus Ⅱ 主窗口的"File"菜单的"New"命令，弹出新建设计文件类型对话框。

（2）在该对话框中选择"Other Files"选项卡，如图 C-20 所示，从中选择"Vector Waveform File"，单击"OK"按钮，则打开一个空的波形编辑器窗口，如图 C-21 所示。波形编辑器窗口包括工具栏、信号栏和波形栏。

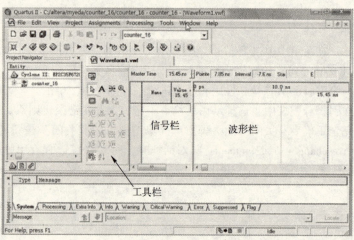

图 C-20　新建设计文件类型对话框　　　　图 C-21　波形编辑器窗口

2）输入信号节点。

在波形编辑方式下，执行"Edit"菜单的"Insert Node or Bus"命令，或者在波形编辑器窗口左边 Name 列的空白处单击鼠标右键，弹出"Insert Node or Bus"对话框，如图 C-22 所示。

单击"Insert Node or Bus"对话框中的"Node Finder"按钮，弹出"Node Finder"对话框。

在"Fitter"框中选定"Pins：all"，然后单击"List"按钮，于是在下方的"Nodes Found"窗口中出现

图 C-22　"Insert Node or Bus"对话框

工程中所有端口的引脚名（注意：如果此对话框中的 List 不显示引脚名，则需要选择"Processing"→"Star Compilation"命令重新编译一次，然后再重复以上操作过程）。

双击要选择的每个引脚，或者单击要选择的引脚，并单击 ≥ ，各选中的节点会排列在右侧的"Selected Nodes"窗口中，如图 C-23 所示。

单击右上角的"OK"按钮，回到上一层对话框（图 C-22），再单击"OK"按钮，选中的引脚信号将出现在波形编辑器窗口中，如图 C-24 所示。

3) 编辑输入信号

编辑输入信号是指在波形编辑器窗口中指定输入节点的逻辑电平变化，编辑输入节点的波形。

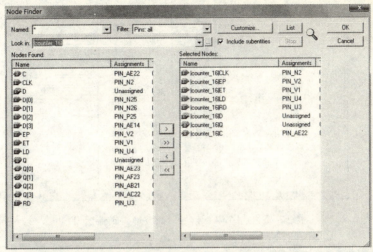

图 C-23 "Node Finder" 对话框

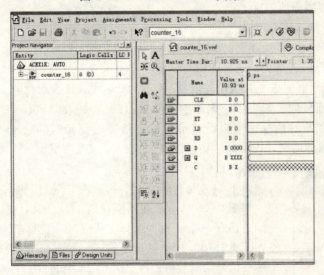

图 C-24 有信号后的波形编辑器窗口

单击图 C-24 中的"CLK"信号，使之变成蓝色条，成为活动信号，同时波形编辑器窗口的工具条被激活，如图 C-25 所示。工具条中列出了各种功能选择按钮，主要用于绘制、编辑波形，给输入信号赋值。具体功能如下：

A：在波形文件中添加注释。

⌘：修改信号的波形值，把选定区域的波形更改成原值的相反值。

▢：全屏显示波形文件。

🔍：放大、缩小波形。

🔍：在波形文件信号栏中查找信号名，可以快捷找到待观察信号。

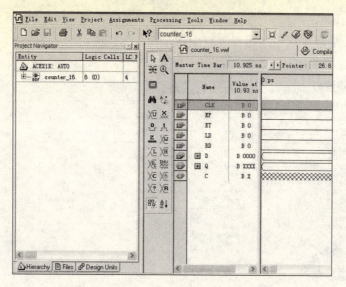

图 C-25 选中 CLK 信号后的波形编辑器窗口

：将某个波形替换为另一个波形。

：给选定信号赋原值的反值。

：输入任意固定的值。

：输入随机值。

：给选定的信号赋值，U 表示未初始化，X 表示不定态，0 表示赋 0，1 表示赋 1，Z 表示高阻态，W 表示弱信号，L 表示低电平，H 表示高电平，DC 表示不赋值。

：设置时钟信号的波形参数，先选中需要赋值的信号，然后鼠标右键单击此图标弹出"Clock"对话框，在此对话框中可以设置输入时钟信号的起始时间（Start Time）、结束时间（End Time）、时钟脉冲周期（Period）、相位偏置（Offset）以及占空比。

：给信号赋计数值。

图 C-26 "Clock" 对话框

由于 CLK 是时钟信号，因此单击 按钮，弹出"Clock"对话框，如图 C-26 所示。在周期（Period）的框内输入 200.0（ns），占空比（Duty cycle）框内选择默认值 50%，单击"OK"按钮结束时钟设置。类似 CLK 信号波形的编辑，根据信号的具体特征，依次给各个输入信号编辑波形。在给图 C-25 中的 D 信号赋值时，单击信号左边的"+"，则将 D 信号代表的每个分量显示出来。双击 D 信号的图标，将弹出 D 数据格式的对话框，可以根据需要设置 D 的数据格式。

为了在波形编辑器窗口中显示各种长度仿真时间的波形，并有利于观察，可以单击 按钮，将光标移到波形区内，右击，使图形变小；左击，使图形放大；反复操作直到图形大小适合观察为止。

完成波形文件编辑后，执行"File"→"Save"命令，保存 counter_16.vwf 文件。

4）仿真波形文件

Quartus Ⅱ 软件中默认的是时序仿真，如果进行功能仿真则需要对仿真参数进行设置。

首先，执行"Assignments"→"Settings"命令，弹出参数设置窗口，如图 C-27 所示。这是一个设置 Quartus 各种参数的窗口，并不是仅仅用于仿真的。这里，选中左边列表中的"Simulator"，在右边出现新的对话框，如图 C-28 所示，在"Simulation mode"框中选择"Function"。

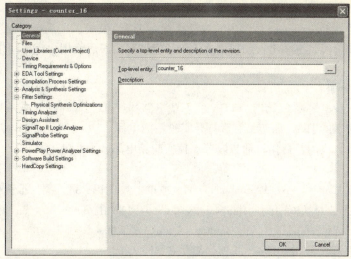

图 C-27 设置参数窗口

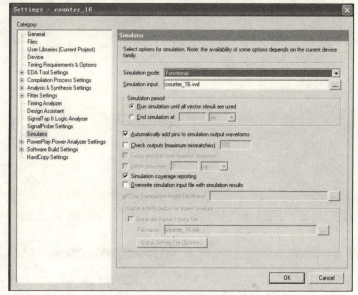

图 C-28 设置仿真参数

然后，选择 Quartus Ⅱ 主窗口的"Processing"菜单的"Generate Functional Simulation Netlist"命令，生成功能仿真网表文件。

最后，选择 Quartus Ⅱ 主窗口的"Processing"菜单的"Start Simulation"命令进行功能仿真。

注意：功能仿真满足要求后，还要对设计进行时序仿真。时序仿真也可以在编译后直接进行，但是要将在图 C-28 的"Simulation mode"设置为"Timing"，设置好后直接选择"Start Simulation"命令，执行时序仿真。

7. 编程下载设计文件

一个工程经过编译且编译过程中没有发生错误时，会生成一种 POF 格式的文件。在前面的步骤中，生成了 counter_16.POF 文件。FPGA 器件是现场可编程器件，通过写FPGA内部的 SRAM 对的 FPGA 内部的逻辑、电路和互连进行配置（重构）。一个 FPAG 器件要想完成设计者指定的逻辑功能，必须将 POF 格式的文件下载到 FPGA 器件中去，对 FPGA 器件进行配置。

Quartus Ⅱ 编程器 Programmer 最常用的编程模式是 JTAG 模式和主动串行编程模式 AS。JTAG 模式主要用在调试阶段，主动串行编程模式用于板级调试无误后将用户程序固化在串行配置芯片 EPCS 中。

JTAG 模式要分如下 4 步进行。

第 1 步：用下载电缆将 PC 级和 FPGA 的下载电路连接起来。下载电缆一头接 PC 级的并行口，另一头接子板上的 JTAG 插座，然后打开实验箱的电源。注意：不要带电插拔下载电缆，下载电缆连接的是计算机的并行口，插拔时要关掉实验箱电源，不要带电操作，否则可能烧坏可编程器件。

第 2 步：执行"Tools"→"Programmer"命令或单击 图标，进入器件编程和配置对话框，如图 C-29 所示。如果此对话框中的"Hardware Setup"为"No Hardware"状态，则需要选择编程的硬件。单击"Hardware Setup"，进入"Hardware Setup"对话框，如图 C-30 所示。单击"Add Hardware"按钮，添加硬件，单击"OK"按钮，如图 C-31 所示。

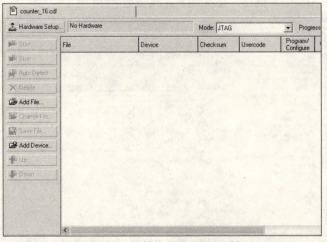

图 C-29　器件编程和配置对话框

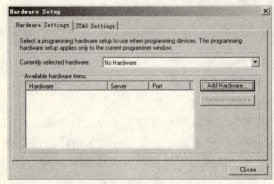

图 C-30　"Hardware Setup"对话框

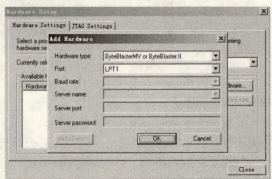

图 C-31　"Add Hardware"对话框

第3步：配置编程硬件后，选择下载模式，在"Mode"中指定的编程模式为 JTAG 模式，如图 C-29 所示。

第4步：单击 添加相应的 counter_16.pof 编程文件，选中 counter_16.pof 文件后的 Program/Configure 选项，如图 C-32 所示。然后单击 图标下载设计文件到器件中。Process 进度条中显示编程进度，编程下载完成后就可以进行目标芯片的硬件验证了。

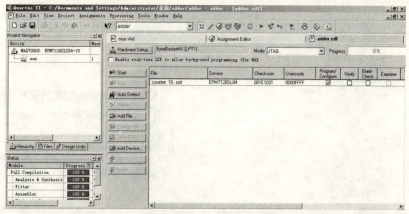

图 C-32 添加文件后的下载对话框

C4 开发实例

这里通过寄存器组的两种实现方式说明进行多层次设计的方法。两种方法的底层设计是一样的。

方法一：底层利用 VHDL 编辑，顶层用原理图方式连接。

第1步：建立工程所在文件夹 regfileblock，如图 C-33 所示。

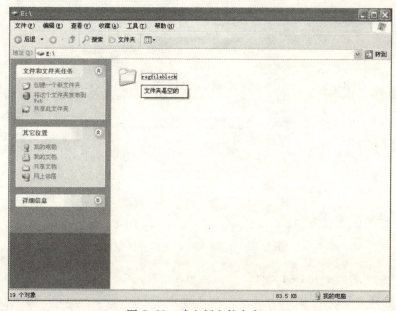

图 C-33 建立新文件夹窗口

第 2 步：打开 Quartus，选择"File"→"New project wizard"命令，如图 C-34 所示。根据提示完成新工程的创建。此时，工程名和顶层设计实体名都定义成了 regfileblock。

第 3 步：选择"File"→"New"→"VHDL File"命令，单击"OK"按钮，创建 VHDL 文件，如图 C-35 所示。

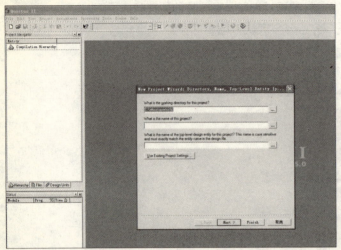
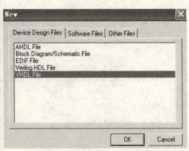

图 C-34 打开新工程向导窗口　　　　　　图 C-35 创建新文件窗口

第 4 步：输入 16 位寄存器的 VHDL 代码，并存为 register_16.vhd，如图 C-36 所示。

第 5 步：选择"Assignments"→"Settings"→"General"，将"Top-level entity"文本框中的实体名改为 register_16，如图 C-37 所示（注：实体名与文件名可以不一致）。

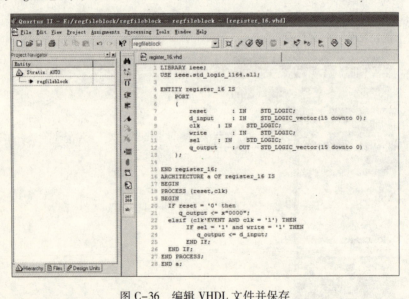

图 C-36 编辑 VHDL 文件并保存

单击 ▶，编译 register_16.vhd 文件。

第 6 步：选择"File"→"Creat"→"Creat symbol files for current file"命令。生成该 16 位

寄存器对应的逻辑符号,以备后面使用。操作如图 C-38 所示。

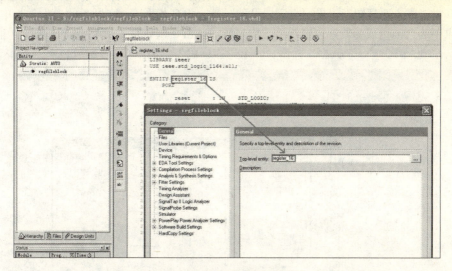

图 C-37　修改顶层实体名

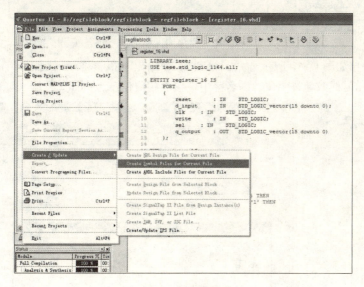

图 C-38　创建符号文件

至此,构造寄存器组的单个寄存器就设计完了。

第 7 步:设计 4 选 1 多路选择器。按照第 3~6 步,最终生成此多路选择器的逻辑符号。

第 8 步:设计二四译码器。按照第 3~6 步,最终生成此译码器的逻辑符号。

底层器件设计完成,下面开始进行顶层连接,具体步骤如下。

第 9 步:选择 "File" → "New" → "Block Diagram/ Schematic File" 命令,如图 C-39 所示,单击 "OK" 按钮,

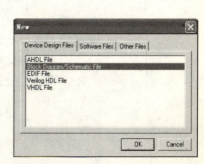

图 C-39　新建原理图文件

新建原理图文件。

第10步:进入原理图编辑界面。双击设计区域,出现如图C-40所示的界面。其中,"Project"目录下为之前生成的器件逻辑符号。按照所需数目依次将部件放到设计区域。这里引入了4个register_16,两个4选1数据选择器,一个二四译码器,如图C-41所示。

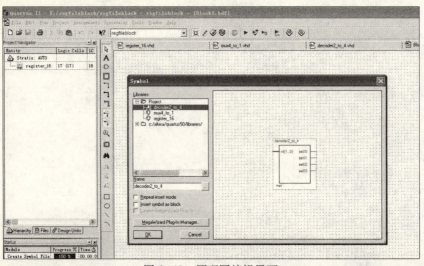

图C-40 原理图编辑界面

第11步:按照如图C-41所示方式,找到输入/输出端口,将端口放入设计区域,并改名。如果端口所连接信号线数超过1位,则名字中应包含相应信息,例如2位输入端口rs[1..0]。

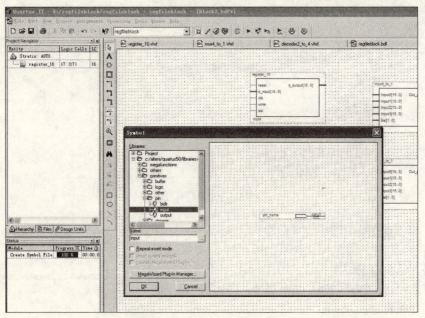

图C-41 插入输入/输出端口

第12步:根据自行设计电路图,将端口和各部件,以及部件之间连接起来。最终连接结果如图C-42所示。

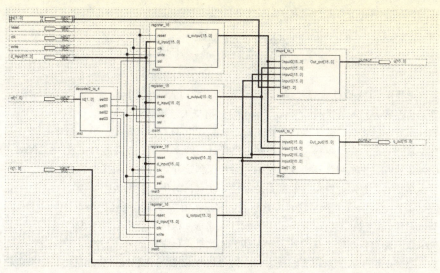

图 C-42 最终设计结果

顶层完成设计后,将此顶层原理图文件保存为 regfileblock.bdf,并将其设置为顶层实体(参考第 5 步)。

设计结果可按照"C3 Quartus Ⅱ 的开发流程"中的仿真方法进行仿真,以测试设计电路是否存在问题。

方法二:底层利用 VHDL 编辑,顶层采用 VHDL 的端口映射方式完成器件连接。

底层设计的步骤同方法一给出的第 1 步~第 8 步基本相同,只是不用生成部件的逻辑符号。顶层设计方法为:选择"File"→"New"→"VHDL file"命令,建立顶层实体文件,利用端口映射方式(见附录 B 中的"component(元件)语句和 port map(端口映射)语句")编辑顶层代码文件,文件另存为 regfileportmap.vhd,如图 C-43 所示。

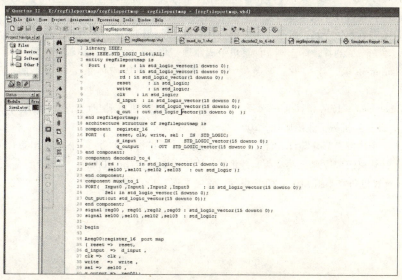

图 C-43 端口映射方式的顶层实体设计

最后,编译设计结果并仿真。

参 考 文 献

[1] 艾明晶. 计算机 EDA 设计实验教程. 北京：清华大学出版社，2014.
[2] 汤志忠，杨春武. 开放式实验 CPU 设计. 北京：清华大学出版社，2007.
[3] 侯传教，刘霞，杨智敏. 数字逻辑电路实验. 北京：电子工业出版社，2009.
[4] 徐莹隽，常春，曹志香，董梅. 数字逻辑电路设计实践. 北京：高等教育出版社，2008.
[5] 施青松，董亚波. 逻辑与计算机设计基础实验与课程设计. 杭州：浙江大学出版社，2008.
[6] 李晶皎，李景宏，曹阳. 逻辑与数字系统设计. 北京：清华大学出版社 2008.
[7] 张丽荣. 基于 Quartus Ⅱ 的数字逻辑实验教程. 北京：清华大学出版社，2009.
[8] 徐志军，尹延辉. 数字逻辑原理与 VHDL 设计. 北京：机械工业出版社，2008.
[9] 白中英. 数字逻辑与数字系统设计（第三版）. 北京：科学出版社，2002.
[10] 张兴忠. 数字逻辑与数字系统实践技术——学习指导 实验与课程设计. 北京：科学出版社，2005.
[11] 白中英. 数字逻辑与数字系统题解、题库与实验（第三版）. 北京：科学出版社，2002.
[12] 王永军，李景华. 数字逻辑与数字系统设计. 北京：高等教育出版社，2006.
[13] David Money Harris 等. Digital Design and Computer architecture. 北京：机械工业出版社，2008.
[14] 陈虎，梁松海. 数字系统设计课程设计. 北京：机械工业出版社，2007.
[15] 白中英，方维. 数字逻辑（第五版）. 北京：科学出版社，2011.
[16] 李晶皎，李景宏等. 硬件与数字系统设计学习指导及题解. 北京：清华大学出版社，2010.
[17] 徐向民等. 数字系统设计及 VHDL 实践. 北京：机械工业出版社，2007.
[18] 潘松，潘明. 现代计算机组成原理. 北京：科学出版社，2007.
[19] 杨春武等. tec-ca 学生实验指导书. 北京：清华大学出版社，2007.
[20] 张兴忠. 数字逻辑与数字系统. 北京：科学出版社，2004.
[21] 汤志忠，杨春武. 开放式实验 CPU 设计. 北京：清华大学出版社，2007.
[22] 潘松，潘明. 现代计算机组成原理. 北京：科学出版社，2007.
[23] 张晨曦，王志英，张春元，戴葵，朱海滨. 计算机体系结构. 高等教育出版社，2000.
[24] 罗克露，单立平，刘辉，俸志刚. 计算机组成原理. 北京：电子工业出版社，2004.
[25] John D. Carpinelli 著. 李仁发，彭蔓蔓译. 计算机系统组成与体系结构. 北京：人民邮电出版社，2003.
[26] David A. patterson, John L. Hennessy 著. 郑纬民等译. 计算机组成与设计——硬件/软件接口（原书第 3 版）. 北京：机械工业出版社，2007.
[27] 卡帕里著，李仁发，彭蔓蔓译. 计算机系统组成与体系结构. 北京：人民邮电出版社，2003.
[28] 蒋本珊. 计算机组成原理（第 2 版）. 北京：清华大学出版社，2008.
[29] easyrihgt 计算机研究小组. 16 位 CPU 设计. 百度文库，2003（8）.